建筑设计类专业"十三五"规划教材

室内设计手绘表现

Hand-painted Performance of Interior Design

主编 刘 迪

郑州大学出版社

郑州

图书在版编目(CIP)数据

室内设计手绘表现／刘迪主编. —郑州:郑州大学出版社,2018.8(2020.1 重印)
ISBN 978 - 7 - 5645 - 5497 - 2

Ⅰ. ①室… Ⅱ. ①刘… Ⅲ. ①室内装饰设计 – 绘画技法
Ⅳ. ①TU204

中国版本图书馆 CIP 数据核字(2018)第 148710 号

郑州大学出版社出版发行
郑州市大学路 40 号　　　　　　邮政编码:450052
出版人:孙保营　　　　　　　　发行部电话:0371 – 66966070
全国新华书店经销
河南文华印务有限公司印制
开本:787mm ×1 092mm　1/16
印张:16.25
字数:388 千字
版次:2018 年 8 月第 1 版　　　印次:2020 年 1 月第 3 次印刷

书号:978 – 7 – 5645 – 5497 – 2　　　定价:49.00 元

作者名单

主　编:刘　迪(河南工业职业技术学院)

副主编:付　蕊(河南工业职业技术学院)

　　　　张　卓(上海醇红装饰设计工程有限公司)

编　者:吴　静(河南工业职业技术学院)

　　　　王　康(新乡医学院三全学院)

　　　　罗　祯(西藏职业技术学院)

内容简介

　　本书涉及范围广,内容详尽,理论与实践兼顾,讲解细致、严谨,条理清晰,语言朴实,图文并茂,表现形式灵活多样,具有超强的可读性和吸引力。本书以河南工业职业技术学院室内设计技术专业课程教学为依托,以设计岗位需要为出发点,培养目标明确,以手绘案例和学生作品点评为主,展现了室内设计手绘表现课程的整个教学过程,是全国相关专业师生了解手绘表现教学特色的窗口,能保证教育的针对性和实用性,并保证对学生实践能力的培养,力求创造出符合当代审美的室内环境。

　　本书共分为八个篇章:第一章为手绘表现基础篇,介绍手绘效果图表现技巧;第二章为家居空间手绘表现,主要从客餐厅、卧室、儿童房、书房、厨房、卫生间等案例来进行讲解;第三章为办公空间手绘表现,主要从经理办公室、开敞办公室、会议室、多功能厅、接待厅等案例来进行讲解;第四章为餐饮空间手绘表现,主要从中餐厅、西餐厅、快餐厅、宴会厅、餐厅包间等案例来进行讲解;第五章为商业空间手绘表现,主要从店面橱窗、店内环境等案例来进行讲解;第六章为娱乐空间手绘表现,主要从酒吧、KTV、舞厅、游泳池等案例来进行讲解;第七章为酒店空间手绘表现,主要从大堂、单人客房、标准间等案例来进行讲解;第八章为手绘快题设计,配有大量优秀学生手绘作品赏析。

　　本书可作为高等院校相关专业教材使用,也可为广大室内设计工作者提供有益的参考借鉴。

前言

手绘表现，能形象直观地表达出设计构思和设计意图，是推销室内设计的主要途径。在设计投标、设计定案中起着重要的作用，一幅效果图的好坏将直接影响该设计的审定，其独特的作用，是完善设计过程不可缺少的一部分，是设计者与用户之间沟通的最好桥梁，能充分表现出室内空间环境氛围，观赏性强，具有很强的艺术感染力。一个好的设计创意，通过最初的设计理念，依靠手绘的表达方式直接快速传达出来，自由的画，通过流畅轻松的线条来理解体积的概念，简洁概括的造型来构造表面形态，其到位的明暗、虚实关系和明快、雅致的色彩等鲜明的艺术特色深入人心，不但能快速准确地表达出室内设计意图，更能抓住稍纵即逝的灵感瞬间，其表现的方式直观形象，在设计领域占据自己的一席之地。

目前国际上很多建筑类院校注重培养学生的手绘表现能力，它可以锻炼设计人员敏锐的空间想象力和创新思维能力，形成对事物敏锐的观察力和洞察力。在设计过程中起到解决设计交流的问题。手绘表达能力的高低代表了设计者的技术水平优劣，优质熟练的表现可以充分体现出设计者的设计构思，是培养设计人员基本素质，累积设计基础知识，设计创作灵感的有效手段。如何将自己的设计意图准确、生动、完整的展现出来，以至得到客户的高度认可和采纳，对于一个从业人员来说是极为重要，透过手绘表现，能反映出个人的表达能力和设计创意思想。在设计行业竞争日益激烈的今天，快速表现能力强者，往往能脱颖而出。

本书在编写过程中得到了河南工业职业技术学院广大师生的大力支持和帮助，在此表示衷心的感谢。本书所收录的大量精美图片资料具备较高的参考和收藏价值，可以为高校相关专业的学子及设计师朋友提供不同类别、不同风格的优秀案例作为学习参考，从而希望能对设计和手绘训练的提高起到一些借鉴和启发作用，帮助学生更好的提升审美修养，由于编者的学术水平有限，本书可能存在一些不足之处，希望得到同仁们及广大读者的批评和指正。

河南工业职业技术学院　刘迪

2018 年 1 月

目 录

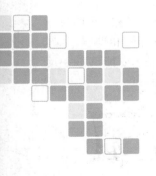

第一章
手绘表现基础篇

一、手绘线描表现技巧

1. 线条的组合

绘制的线条有的流畅,有的生动,有的富有节奏感,有的有韵律感。可快可慢的、可直可曲的、可疏可密的、可刚可柔的、可顿可挫的线条组合成一些不同的物体形体,通过线条自身的变化达到作画者的想法称之为线条组合。如图 1-1 所示。

图 1-1　线条表现

2. 线条的变化

手绘线描应该注意的问题:所绘制的线条要求一笔画线,不能重叠往复,且所绘制线条两头重、中间轻,刚劲有力;线条的软硬体现质感;线条的粗细体现虚实;线条的急缓体现强弱;线条的疏密体现层次变化。

3. 线条的情感和个性表现

要有意识地去表现对象的材质,如光滑、柔软、粗糙、坚硬等,注意加以区分,坚硬的物体用线表达必然会挺直些,柔软的物体用线表达较为圆滑和飘逸。单体室内家具与陈设具有完整的造型和不同的质感,在绘制时要仔细观察,并对形体进行分析和理解,掌握形体的结构关系,抓住形体的主要特征,准确而形象地将形体表现出来。要能够举一反三,能够灵活地去创造去表现。如图1-2~图1-4所示。

图1-2　单体表现

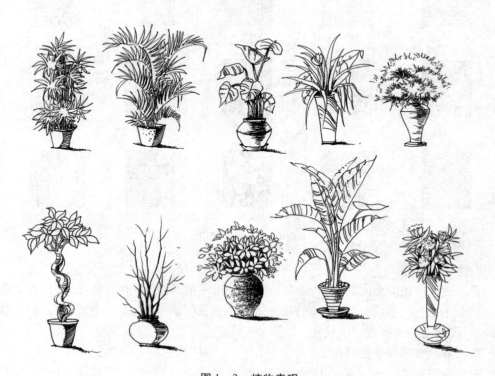

图1-3　植物表现

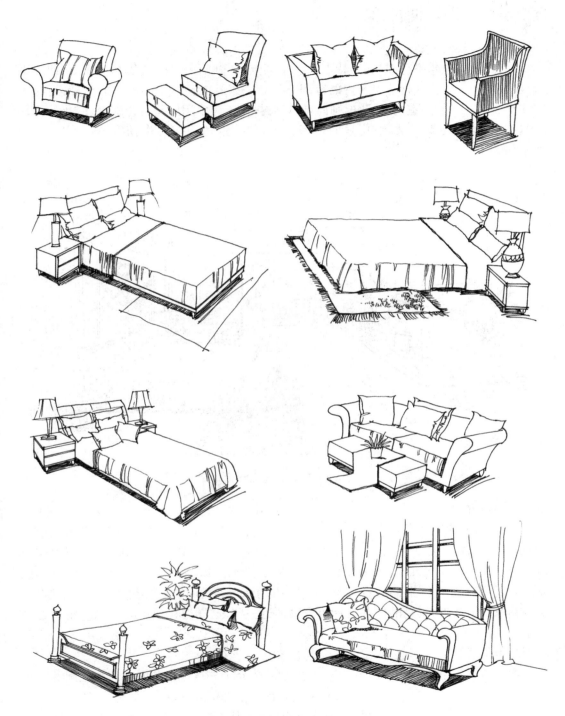

图 1-4　家具表现

二、手绘透视表现技巧

1. 一点透视

一点透视,也叫平行透视,其特点是一个灭点,在画面中心区域的视平线上,两组平行线,一组相交线。这种透视表现的范围广,纵深感强,能显示空间的纵向深度,适合表现庄重、稳定、宁静的室内空间,但画面有时显得呆板,应多用一些装饰配景、绿化植物等布置在画面中,调节气氛,强化画面疏密关系,使一点透视应用生动得体。如图 1 - 5 所示。

图 1 - 5   一点透视卧室

2. 两点透视

两点透视,也叫成角透视,其特点是两个灭点,分别在画面的左右两侧,一般两个灭点所处的位置距离画面中心一个稍远,一个稍近一些为宜,只有一组平行线,两组相交线。与一点透视相比,画面效果比较自然,活泼生动,反映空间比较接近于人的真实感觉。如果角度选择不好,画面容易产生变形,选用两点透视时,可将两侧的消失点定在画面构图取景框以外,视点的位置选择距离物体远一些,这样透视变形会小些。如图 1 - 6 所示。

3. 微角透视

微角透视效果比两点透视多了一个透视面,是介于一点透视和两点透视之间的一种特殊形式,微角透视包含了一点透视和两点透视的全部优点,画面自由活泼,所展示的空间大,容易表现出立体感和空间感,因此应用广泛,但其难度较大,不易掌握。其实关于透视,手绘表现在很大程度上是在用正确的感觉来画透视,要训练出落笔就有好的空间透视感觉来构架图面。如图 1 - 7 所示。

图 1-6 两点透视餐厅

图 1-7 微角透视客厅

三、手绘着色表现技巧

1. 彩色铅笔技法
彩色铅笔上色类似于铅笔素描上色法,可利用线条的多层交叉法来绘制。

2. 马克笔技法
利用马克笔粗细不同的笔触,灵活组合和不同深浅色调的叠加排列以及疏密结合,表现出物体造型的体面关系和复杂、生动、和谐、完美的形象。在画效果图之前,应先熟悉马克笔的特性,了解马克笔的用笔方式,才能熟练掌握各种技法。马克笔绘制有平涂法、退晕法、叠加法等。手绘单体室内家具与陈设着色主要使用马克笔和彩色铅笔。马克笔色彩较透明,覆盖力强,层次丰富有较强的视觉冲击力。如图 1 - 8 ~图 1 - 11所示。

图 1 - 8　马克笔运笔

图1-9 单体着色

图1-10 植物着色

图1-11 家具着色

3. 水彩技法

水彩画上色程序是先浅后深,先远后近,预先留出亮部与高光,最后画深色加以调整。大面积涂色时,颜料调配得宜多不宜少,逐步加深,加大明度反差,但多次重复,颜色容易变脏。水彩有平涂、退晕与重叠三种技法。

4. 水粉技法

水粉画的作画步骤近似于油画,上色时本着先深后浅,先远后近,先湿后干,先薄后厚的顺序逐渐深入。这与水彩画从浅至深的画法刚好相反。水粉画主要有干画法、湿画法两种技法。水粉笔触练习有平涂、退晕两种方法。

绘制效果图,各有表现方法。它们既可以独立完成也可以相互穿插,综合运用完成渲染效果图。如图1-12~图1-14所示。

图1-12 一点透视卧室着色

图1-13   两点透视餐厅着色

图1-14   微角透视客厅着色

四、手绘构图表现技巧

1. 幅式的选择

横式构图:有安定、平稳之感,使空间开阔、舒展。

竖式构图:有高耸、上升之势,使空间雄伟、挺拔。

2. 容量的确定

室内陈设太多,容量太满,画面拥挤、局促,有闭塞和压抑之感。不易表现空间感和纵深感。这时应适当减少或省去一部分物体的表现,使画面"透气"。

室内陈设太少,容量太稀,画面空旷、冷清,降低了装修档次,这时可通过增加一些绿化或摆设小工艺品来增加画面的容量和趣味性。

室内容量的确定与室内空间大小密切相关:空间大,容量可适当增大;空间小,容量可适当减小。

室内容量的确定与室内空间风格相关:古典风格中,容量较满,空间整体细节装饰较多;简约风格中,容量较稀,空间整体细节装饰少。

3. 画面视觉中心确立

构图应该有主次之分,视觉中心就是设计的重点,既有欣赏价值,又在空间上起到一定的注视和引导作用,可通过优美的造型、独特的陈设、别致的材质、对比强烈的色彩等手法来体现。如图 1-15 所示。

图 1-15　别致的材质确立画面视觉中心

4. 画面的均衡

画面的均衡即使视觉达到某种协调和平衡。上下视觉均衡的表现是"上轻下重，前轻后重"。左右视觉均衡和前后视觉均衡可通过色调的轻重、室内陈设物体积的大小来实现。

5. 画面的黑白配置

一幅好的手绘效果，画面中深色和浅色的合理搭配能构成隐含在画面审美中的，黑与白的节奏感、韵律感。

6. 点、线、面的配置

点给人以孤立、微小的感觉，重复的点可以形成一定的秩序感，并产生视觉协调的效果。线可分为曲线和直线。曲线，细腻，有阴柔之美；直线，刚劲有力，有阳刚之气。面的重叠、透叠可以产生空间变换的效果。手绘效果图中，对点、线、面的配置要求做到：点的分散与集中，线的变化与统一，面的整体与局部。

7. 外轮廓节奏体现

画面的边缘采用裁剪式构图，具有不规则的边缘，形式更加活泼。如在画面的边缘处用植物收边，但植物只画局部，可表现出边缘的节奏感。如图 1-16 所示。

图 1-16　植物表现边缘的节奏感

8. 光影表现

光影的绘制和渲染直接影响整个室内设计的格调、气氛、档次及效果水平。光影表现时应注意虚实、疏密的表现。

五、手绘造型技巧

1.协调律

本着室内设计"大协调,小对比"的设计原则,协调律就是找出造型中的相互联系、相互协调,使视觉效果达到和谐、统一的规律,包括对称、重复、渐变几个方面。

对称:是一种经典协调手法,沿中轴线使两侧的形象相同或相近。它可以使造型彼此呼应,相映成趣,从而使视觉达到平衡、协调,制造出稳重、庄重、均衡、协调的效果。

重复:相同或相似的形象连续反复的出现。可以使形象更加和谐、统一,表现出节奏美和韵律美,使造型具有一定的秩序感,从而使视觉达到协调的效果。如图 1 - 17 所示。

渐变:形象按照一定的规律逐渐变化的设计手法。渐变可分为形状渐变、方向渐变、位置渐变、色彩渐变等,可增强形象的秩序感和节奏感,可克服重复手法较呆板的缺点,讲究一定的规律性,打破呆板的构图形式,更加灵活多变。

图 1 - 17　重复造型具有一定的秩序感

2.对比律

对比律使形象之间产生明显差异的设计手法。对比可以通过大小、凹凸、方圆、曲直、深浅、软硬等形式表现出来,从而使主体形象更加突出,画面主次分明,虚实得当,使视觉产生较强的分辨力。对比包括以下几种情况:大小对比、明暗(深浅)对比(见图 1 - 18)、质感对比、形状对比。

图 1 – 18　明暗（深浅）对比形象突出

六、手绘色彩表现技巧

1. 同类色协调

同类色协调指色相相同但又有微妙差别的颜色间的协调。因明度和纯度的不同，形成深浅明暗层次的变化，配色易协调，易给人以亲和感，但也易人产生单调的感觉。

2. 类似色协调

类似色协调指色相环上相邻色相的颜色间的协调。如"红和橙""蓝和绿"等，色距较近的颜色具有明显的调和性，色距偏远的颜色具有一定的对比性。这种协调具有统一的基调，容易形成色彩的节奏韵律与层次，可以产生平静而又变化的色彩效果，给人以融和感。

3. 互补色协调

互补色协调指色相环上相对的颜色间的协调。互补色冷暖差别大，对比强烈，明度与纯度相差较大，给人以强烈、鲜明、跳跃的感觉。如图 1 – 19 所示。

图 1 - 19　对比色协调

4. 无色彩与有色彩的协调

在黑色和白色之间,是明度范围极宽的中性色,在过于艳丽或柔弱的色彩之间,恰当地选用黑、白、灰等中性色做协调处理,既能表现出差异又不相互排斥,具有极大的随和性。这类色彩与任何色彩协调均能收到良好效果。

5. 明度的处理

在一幅表现图中,素描关系的好坏直接影响到画面的最终效果。一幅好图其中黑白灰的对比面积是不能相等的,黑白两色的面积要少,灰色在画面占绝大部分面积,构成整幅画面色度的基调。

6. 纯度的处理

纯度高的色彩鲜明艳丽,富于刺激性,处理不当则显得幼稚。纯度低的色彩显得稳重,运用得当则显得高雅,反之则给人灰暗沉闷的感觉。色彩纯度变化的运用可增强色彩的空间层次,纯度高则前进,纯度低则后退。

7. 冷暖的对比

色彩的冷暖属性是人们对自然环境色彩的心理体验,表现图更强调主观的感受与判断。这种冷暖的比较不是绝对的,如:黄色与绿色相比,后者较冷;蓝色与绿色相比,后者较暖。绘图时,应在统一的基调下,在物体与场景之间、光与影之间、主体与次体之间寻求冷暖的对比关系。如图 1 - 20 所示。

图 1 - 20　冷暖的对比

8. 面积与位置的调和

对比色块面积"大小相等,位置邻近"是一种较强的"冲突对比,互不调和"。若以一色面积占绝对优势,则会形成该色的基调,必然形成整体的调和。如若占劣势的对比色块处于大基调的包围之中,则有可能反客为主,成为视觉中心。因而,处理好面积和位置之间的关系更能发挥色彩的对比效应和调和效应。

第二章

家居空间手绘表现

一、家居空间各部分手绘表现

1. 客厅手绘表现

客厅包括沙发和茶几组合及视听空间组合两大主要内容。沙发和茶几是客厅待客交流及家人团聚的主要场所,沙发款式的选择、色彩的搭配都对室内气氛产生重要影响。视听空间配合背景主题是客厅的视觉中心,通常采用各种造型手段、多种装饰材料来突出设计的个性和风格。电视机柜的高度应以人坐在沙发上平视电视机屏幕中心或稍低为宜。常用的布置形式包括以下几个方面。

L 形布置:是沿两面相邻的墙面布置沙发,其平面呈"L"形。此种布置大方、直率,可在对面设置视听柜或放置一幅整墙大的壁画,这是很常见且合时宜的布置。

C 形布置:是沿三面相邻的墙面布置沙发,中间放一茶几。此种布置入座方便,交谈容易,视线能顾及一切,适合热衷社交的家庭。

对称式布置:传统布置形式,气氛庄重,位置层次感强,适于较严谨的家庭采用。

一字形布置:沙发沿一面墙摆开呈"一"字状,前面摆放茶几。起居室较小的家庭常采用。

四方形布置:适于喜欢下棋、打牌的家庭,游戏者可各据一方。可采用类似布置。

以上布置形式不是一成不变的,可以根据需要适当调整。另外会客区除沙发、茶几外,还可设置储藏柜、装饰柜等家具。这些家具可以是单件的,也可以是组合式的;可以是低矮的,也可以是壁式的。

2. 餐厅手绘表现

餐桌和餐椅是餐厅的主要家具,其大小应和空间比例相协调,酒柜也是餐厅中不可或缺的家具,它的款式也应与餐厅及室内的整体风格相一致。

独立式:一般除餐桌、餐椅和灯具外,可以根据主人的爱好和空间大小搭配酒柜、展示柜等,再配以适当的绿色植物和装饰画,墙面的色调尽量用淡暖色,以增进食欲。

客厅与餐厅合并式:设计时注意空间的分隔技巧,放置隔断和屏风是既实用又美观的做法,也可以从地板着手,将地板的形状、色彩、图案和材质分成不同的区域,还可以通过色彩和灯光来划分,注意保持空间的通透感和整体感。

厨房与餐厅合并式:为了节省空间可考虑在厨房或过厅做折叠式餐桌。在没有客人的情况下,主人不但可以从容就餐,还使空间显得更加宽敞,合理利用空间。

3. 卧室手绘表现

卧室是休息睡眠的场所,应该营造出温馨、柔和、典雅、宁静的气氛。

主卧的功能区域,可划分为睡眠区、梳妆阅读区、衣物储藏区,三部分应分区明确,路线顺畅,井然有序。色彩以统一、和谐、淡雅为宜,比如床单、窗帘、枕套,皆使用同一色系,尽量不要用对比色,避免给人太强烈鲜明的感觉而不易入眠。对局部的色彩搭配应慎重,稳重的色调较受欢迎,如绿色系活泼而富有朝气,粉红系欢快而柔美,蓝色系清凉浪漫,灰调或茶色系灵透雅致,黄色系热情中充满温馨气氛。灯光以温馨的暖色为基调。地面常用木地板、地毯。床和床头柜、衣柜、梳装台款式应与室内整体风格相协调。

次卧室一般用作儿童房、青年房、老人房或客房。不同的居住者对于卧室的使用功能有着不同的设计要求。

子女房:要在区域上为他们做一个大体的界定,分出大致的休息区、阅读区及衣物储藏区。在室内色彩上吸引孩子是设计子女房的要点,设计上要保持相当程度的灵活性。

客卧和保姆房:应该简洁、大方,房内具备完善的生活条件,即有床、衣柜及小型陈列台,但都应小型化、造型简单、色彩清爽。

老人房:宜素雅舒适,白的墙壁,以显得素雅,房间窗帘、卧具多采用中性的暖灰色调,所用材料更追求质地品质与舒适感。

4. 书房手绘表现

书房又称家庭工作室,是作为阅读、书写以及业余学习、研究、工作的空间。书房的功能区域主要有收藏区、读书区、休息区。收藏区由书房内的储物柜造型组成,休息区可布置沙发和茶几造型,读书区可布置成单边形、双边形、L形。

单边形:是将书桌与书柜相连,放在同一面墙上,节约空间。

双边形:是将书桌与书柜放在相平行的两条直线上,中间以座椅来分隔,方便取阅,提高工作效率。

L形:是将书桌与书柜呈90°交叉布置,较为理想,既节约空间又便于查阅书籍。

5. 儿童房手绘表现

幼儿期:本阶段安全是不可忽视的重要因素。根据儿童特点,房间内可设计多一些放玩具的格架,地面多采取木地板、地毯等可满足小孩在上面摸爬的需要,墙面用软包,以免磕碰,或用墙纸增加童趣,家具处理成圆角,睡眠区可采用榻榻米加席梦思床垫,安全舒适。房间的颜色,可较大胆,如采用对比强烈、鲜艳的颜色,可充分满足儿童的好奇心与想象力。

少年期:可根据年龄、性别的不同,突出个性,在满足房间基本功能的基础上需要一个更为专业与固定的学习平台,书桌与书架,利用它满足学习的需要,以功能性为主,如读书天地、电脑乐园等。由于这时孩子的房间多了一些电器,要在书架上、窗台上摆上一两簇花草,调节屋内空气。

6. 厨房手绘表现

厨房设计的最基本概念是"三角形工作空间",所以水槽、冰箱及炊具都要安放在适当位置,最理想的是呈三角形,相隔的距离最好不超过一米。

一字形:把所有的工作区都安排在一面墙上,通常在空间不大、走廊狭窄情况下采用。所有工作都在一条直线上完成,节省空间。

L形:将清洗、配膳与烹调三大工作中心,依次配置于相互连接的L形墙壁空间。最好不要将L形的一面设计过长,以免降低工作效率。这种空间运用比较普遍、经济。

U形:工作区共有两处转角,空间要求较大。水槽最好放在U形底部,并将配膳区和烹饪区分设两旁,使水槽、冰箱和炊具连成一个正三角形。

走廊型:将工作区安排在两边平行线上。在工作中心分配上,常将清洁区和配膳区安排在一起,而烹调独居一处。如有足够空间,餐桌可安排在房间尾部。

变化型:根据四种基本形态演变而成,可依空间及个人喜好有所创新。在适当的地方增加了台面设计,灵活运用于早餐、烫衣服、插花、调酒等。

7. 卫生间手绘表现

家居浴室最基本的要求是合理地布置洗手盆、座厕、淋间三大件,其基本的布置方法是由低到高设置。即从浴室门口开始,最理想的是洗手台向着卫生门,而座厕紧靠其侧,把淋浴间设置最内端。洗手台设计依浴室大小来定夺,洗手盆可选择面盆或底盆,镜子的设计,越大越好,因为它可扩大视觉效果,一般设计与洗手台同宽即可。座厕美观、舒适、实用。淋浴间一是把卫生间用玻璃或浴帘间隔起来做一个大浴间,二是根据洗手间面积订造整体淋浴间。具备以上的三大件后,在洗手台下做柜子,储放大量清洁卫生间的用品。洗手台侧面的墙体可凹进去造储藏柜。或利用镜子作镜柜,设置日常人们的卫生用品或女士的化妆品等,尽量避免把用品堆放在洗手台面上。

二、家居空间手绘设计案例

1. 繁华里的静谧

设计者:荣晓雪

指导教师:刘迪 付蕊

设计说明:任时光荏苒,白驹过隙,中国传统文化不因时间的流逝而消失,反而在时间的流逝中更有新意。本案利用现代表现手法演绎具有丰富内涵的东方意蕴的美学精髓。在简洁大气的空间里,木质家具隐隐散发出淡雅宁静的气质,造型优美的桌椅、做工精良的花格、玻璃雕刻的镂空格,一个家所承载的,并不是富丽堂皇的装饰,而是一个令人放松、心情愉悦的氛围。

方案评语:该设计以简洁、实用为原则,力求利用现代表现手法演绎具有丰富内涵的东方意蕴的美学精髓。手绘表现技法娴熟,线条流畅。通过流畅轻松的线条来理解体积的概念,简洁概括的造型来构造表面形态,其到位的明暗、虚实关系和明快、雅致的色彩等鲜明的艺术特色深入人心,不但能快速准确地表达出设计意图,更能以此体现出其开拓创新思维能力、审美能力和设计能力。在作品中,力求营造淡雅宁静,在喧闹的世界中去寻找家所带来的静谧。

繁华里的静谧手绘表现设计图见图2-1~图2-9。

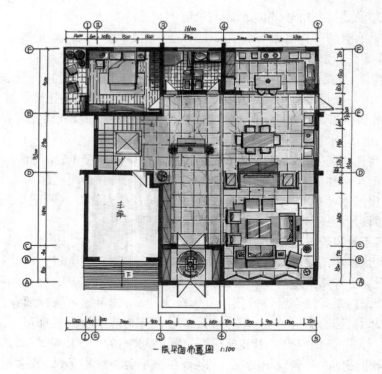

图 2-1 一层平面布置图

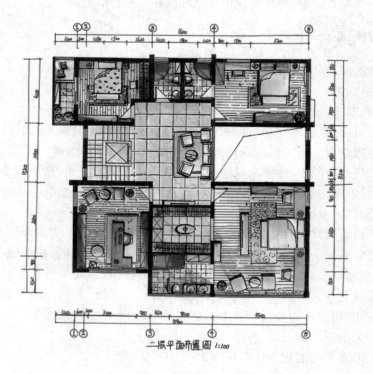

图 2-2 二层平面布置图

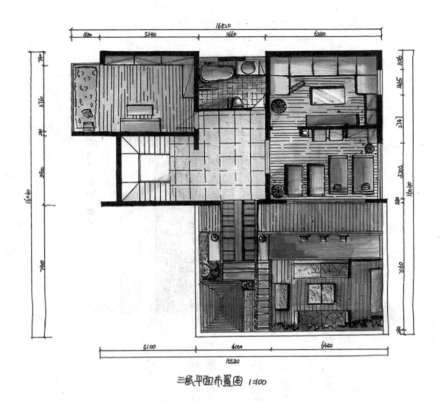

图 2 - 3 三层平面布置图

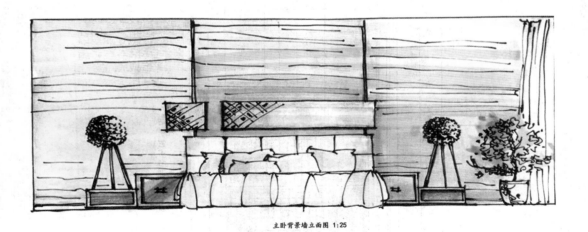

图 2 - 4 主卧背景墙立面图

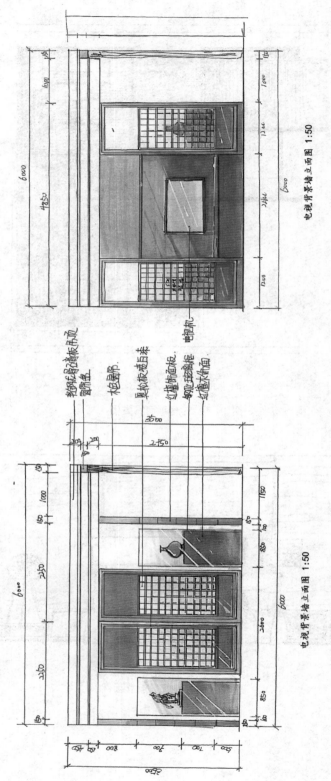

电视背景墙立面图 1:50

电视背景墙立面图 1:50

图2-5 电视背景墙立面图

图2-6　客厅效果图

图2-7　主卧效果图

图 2-8　客房效果图

图 2-9　老人房效果图

2. 红、黄、橙、蓝、紫、绿

设计者：宋梦丽

指导教师：刘迪　付蕊

设计说明：该家居空间设计方案：既彰显个性，又具有浓郁的艺术性，巧妙地结合原始结构，力图利用合理的布局，使室内空间最大限度地得到应用，画面中温馨的色调和自由的形态使整个空间柔和多变，灵动而有生命，简单的红、黄、橙、蓝、紫、绿与黑白灰色块的结合，直线与曲线的变化，象征着自然的力量和自然本身，为繁忙的居住者营造出更为舒适、自由、富有感染力的艺术意境，从而演绎出红、黄、橙、蓝、紫、绿的时尚生活哲学。

方案评语：此方案通过手绘表达形式进行创作设计，空间感强烈，室内色彩搭配绚丽、时尚、精练，运用对比色激发出空间的活力，成为整个居室风格的灵魂。该设计方案色调和形态的处理，使得整个空间灵动而有生命力。方案表现注重大小色块面积的对比，注重红、黄、橙、蓝、紫、绿与黑白灰之间的调和，注重直线与曲线间的变化等，这些都给人带来眼前一亮的感觉，使人们从简单舒适中体会生活的精致。其作品具有很强的艺术感染力，手绘设计创作能力和表达能力较强，但美中不足，某些空间缺少细部的处理，还需要进一步的分析与推敲，但整体表现自然、生动，带有一种轻松的生活情趣。

红、黄、橙、蓝、紫、绿的手绘表现设计图见图 2-10 ~图 2-23。

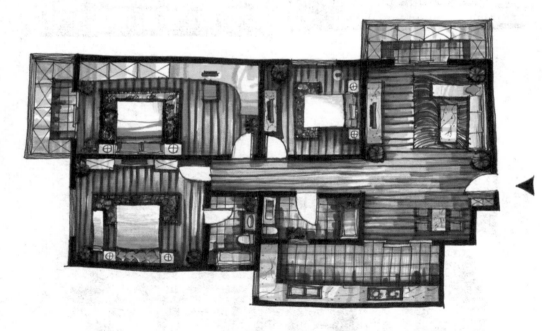

图 2-10　平面布置图

图 2 – 11　客厅立面图

图 2 – 12　主卧立面图一

图 2 – 13　主卧立面图二

图 2 – 14　儿童房立面图

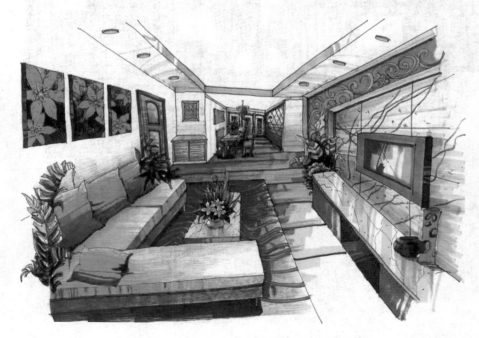

图 2 – 15　客厅效果图一

图 2 - 16　客厅效果图二

图 2 - 17　餐厅效果图

图 2-18　主卧效果图

图 2-19　儿童房效果图

图 2 - 20　次卧效果图

图 2 - 21　厨房效果图

图 2 – 22 卫生间效果图一

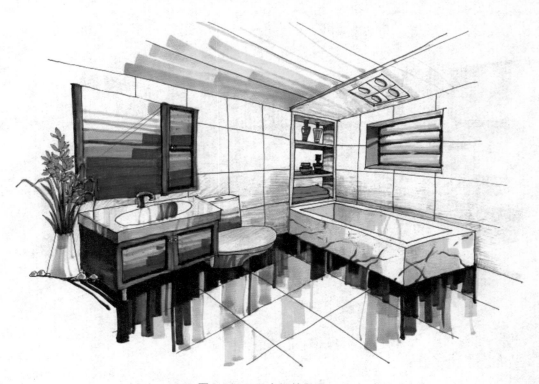

图 2 – 23 卫生间效果图二

3.靛色迷情

设计者:李征

指导教师:刘迪

设计说明:清新色调时尚温馨而不突兀。白色墙面与抹茶色地毯,散发出的是淡雅清新的简欧风格,简单无忧的高品质生活,一种"看庭外花开花落,望天上云卷云舒"的闲情意境。寒来暑往,更替的是四季,不变的是恬淡的心境。作品以现代简约风格为主调,欧洲文艺复兴时期的古典元素,既不过分张扬,而又恰到好处的把雍容典雅之气渗透到每个角落,彰显个人品味。简洁大方的大理石电视背景墙与地毯面有机吻合;高高的屋顶,尽显空间气势,穹顶与精美水晶吊灯相趣成章,给人以庄重豪气之感。整个地面运用了现代的仿古板砖做拼贴饰面与墙面作旧感的肌理形成对应,以及仿古的沙发,欧式茶几、台灯,共同营造温馨祥和的气氛。

方案评语:此方案是一套复式结构的设计图,力求简约、时尚、温馨与和谐。以硬朗的材质和明快的色彩及柔美的家具、雅致的配饰,赋予空间素净明亮的神采。本居住空间采光充足,空间运用合理、设计元素干练抽象,空间格局适当调整后形成了良好的串联关系,表达出时尚高雅的生活格调,可以感受出浑厚的文化底蕴,将浪漫情怀与现代人对生活的需求相结合,兼容华贵典雅与时尚现代,从而反映出时代个性化的美学观点和文化品位,简约而充满激情,清新而不失厚重。从画面表现上,第一印象,色彩感非常强烈,视觉效果饱满,加上几个要点部分的装饰照明,既突出了视觉中心,又使空间感进一步延伸,恰如其分刻画出精彩的空间,有一份举重若轻的洒脱。但是,美中不足,此方案表现技法稍显生硬,在此方面应做大胆的尝试。应该考虑如何扬长避短,提高工作效率,偏重徒手快速表达,笔触更加生动,设计出更加精湛的作品。

靛色迷情的手绘表现设计图见图2-24~图2-34。

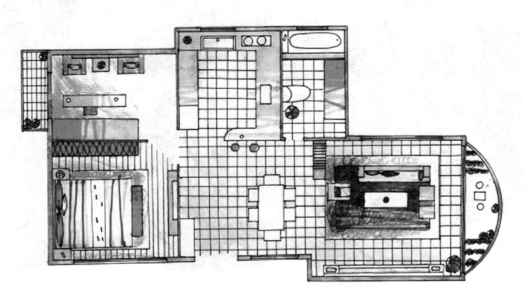

图2-24 一层平面布置图

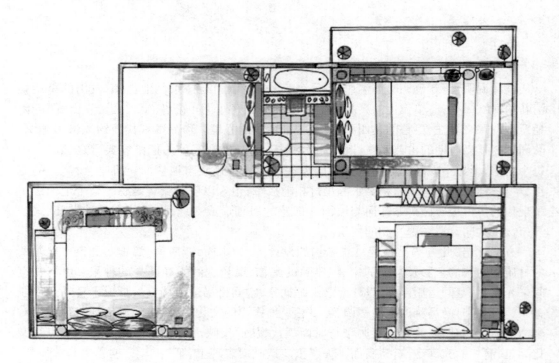

图 2 - 25 二层平面布置图

图 2 - 26 客厅效果图

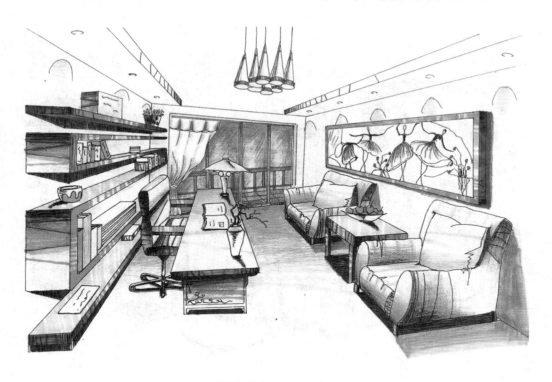

图 2 - 27 书房效果图

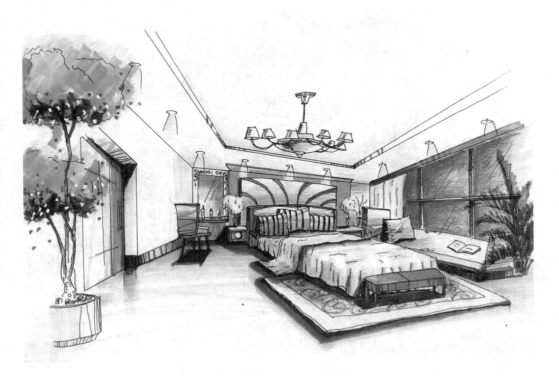

图 2 - 28 主卧效果图

图 2 - 29　儿童房效果图

图 2 - 30　老人房效果图

图 2 – 31　客房效果图一

图 2 – 32　客房效果图二

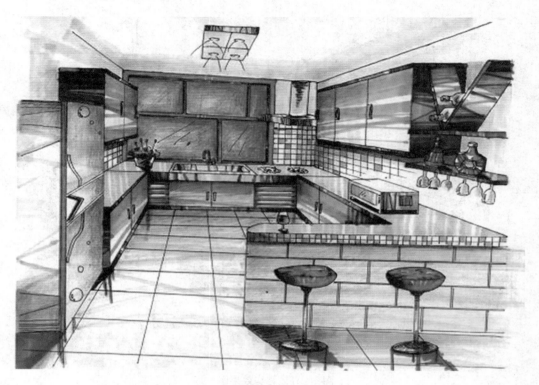

图 2 – 33　厨房效果图

图 2 – 34　卫生间效果图

4.秘密花园

设计者:陈玉婷

指导教师:刘迪　吴静

设计说明:本方案在设计上采用的是现代主义风格,空间造型简洁大方,色调明快,能给人轻松、休闲之感,打造一个秘密花园,给业主提供自由而又非常实用的居住空间。客厅为别墅的中庭部分,与二层空间共享。因为在设计上要简洁大气,所以客厅部分设有大尺寸的米色布艺沙发,与深暖色家具形成更好的色彩搭配。本方案运用的装饰材料有富贵米黄大理石、实木地板、白色波化砖板岩文化石、玻璃马赛克等装饰材质,综合且整体地打造出稳重典雅、高档不奢华的温馨浪漫的现代家居空间。

方案评语:设计者将空间使用功能分布的明确且实用,并附有变化,使得整个空间顿感丰富。该方案的丰富配色与空间形态充分地围绕自然理念,为空间营造了清新感,与秘密花园形成呼应,延伸了设计主题,也反映出年轻人积极向上的生活态度,营造出一个舒适、安逸的生活美景。但此方案的不足之处是着色的笔触与室内设计的细节处理,稍显琐碎,使得空间略显凌乱。

秘密花园的手绘表现设计图见图 2-35~图 2-46。

图 2-35　一层平面布置图

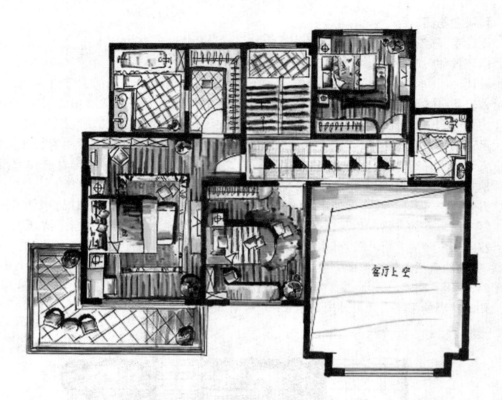

图 2 - 36　二层平面布置图

图 2 - 37　客厅电视背景墙立面图

图 2 - 38　起居室电视背景墙立面图

图 2 - 39　客厅效果图

图 2－40　餐厅效果图

图 2－41　起居室效果图

图 2 - 42　儿童房效果图

图 2 - 43　主卧效果图

图 2-44 衣帽间效果图

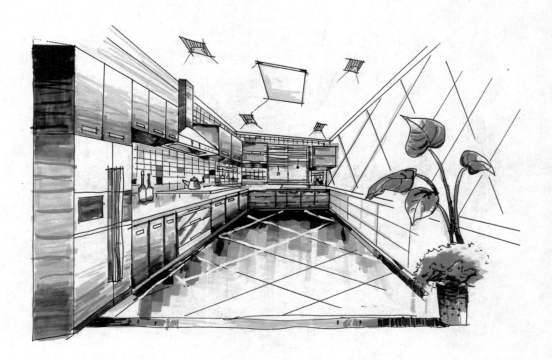

图 2-45 厨房效果图

图 2-46　卫生间效果图

5. 诗意的空间

设计者:毛灿

指导教师:刘迪

设计说明:诗一样的空间氛围是由本方案设计风格特征决定的。设计简洁大方,造型方整,入口玄关处设计酒吧空间给进入此空间的人一个心理的缓冲,它与餐厅空间由整齐的木质隔断进行分隔,局部通透,既利用了空间,又使立面造型丰富。室内家具、灯具造型经过了精心的挑选,室内的陈列品都是根据风格需要而设计,使用了低调的处理手法,体现一种新的时尚。

方案评语:方案整体设计功能分区明确,动线流畅,互不干扰,体现出设计者较强的设计能力和较高的设计修养。其设计表达不落俗套,设计者对门、家具、灯具等细节方面考虑非常严谨,每个细节,每个物件,都可以在一张张作品中找到印记,能够体现出室内空间的品质。该生手绘表现能力较强,通过手绘形式能把空间的意境展现出来,表达出诗一般的空间意境。

诗意的空间手绘表现设计图见图 2-47 ~图 2-50。

图 2 - 47   客厅效果图

图 2 - 48   餐厅效果图

图 2 - 49　书房效果图

图 2 - 50　卧室效果图

6. 灰色空间

设计者:王向果

指导教师:刘迪

设计说明:本方案力求打破常规,其空间环境能像好的工业产品一样,简洁、有力、帅气,有品质。室内空间大部分色调都以不同层次的灰色为主,局部加以不同的颜色点缀。在材质上以木质、石材、玻璃等现代材料为主,使整个空间更加开阔,偶尔朋友来拜访时,能够满足聚餐的要求。

方案评语:该设计方案进行了大量的实际调研,通过手绘方式进行了室内空间的分析,功能布局基本满足了居住者的使用要求。空间中大量灰色调的使用,充分显现了现代感,给人的感觉简洁、时尚,同时也给观者带来冰冷的视觉感受,虽然室内环境缺少了应有的温馨与亲切感,但该生接受新事物的能力较强,审美水平较高。

灰色空间手绘表现设计图见图 2 –51 ~图 2 –57。

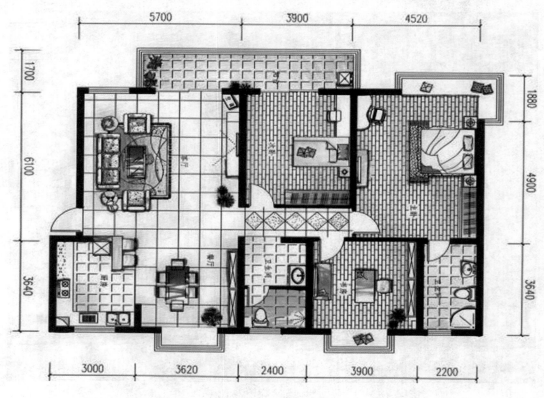

图 2 –51　平面布置图

图 2 - 52　客厅效果图

图 2 - 53　餐厅效果图

图 2 – 54　卫生间效果图

图 2 – 55　书房效果图

图 2 – 56　主卧效果图

图 2 – 57　儿童房效果图

7. 变幻的境界

设计者:赵婷

指导教师:刘迪

设计说明:本案设计不追求奢华,而是强调色彩的变幻,材质的肌理效果,将空间赋予的深刻境界表现出来。充分合理的利用空间,并在家具、灯饰和陈设品配置上,融入了个性特征成就居住空间的品质,强化变幻的效果。

方案评语:设计居室就是设计生活,此案整个空间设计,视野开阔,空间感强烈,该生将色彩表现作为整个室内空间的灵魂,融合了多种色彩与丰富材质表现,使整个空间自由、变化,层次丰富,充满设计感,激发了空间的活力,带来意想不到的视觉装饰效果。

变幻的境界的手绘表现设计图见图 2 – 58 ~图 2 – 63。

图 2 – 58　平面布置图

图 2 – 59　客厅效果图

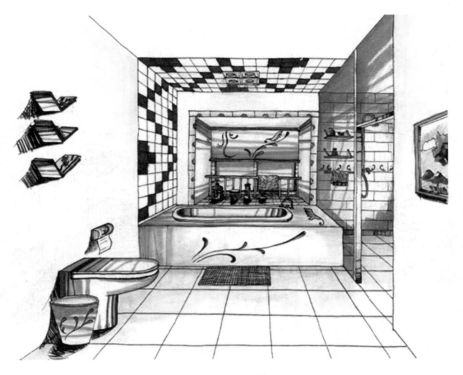

图 2-60　卫生间效果图

图 2-61　厨房效果图

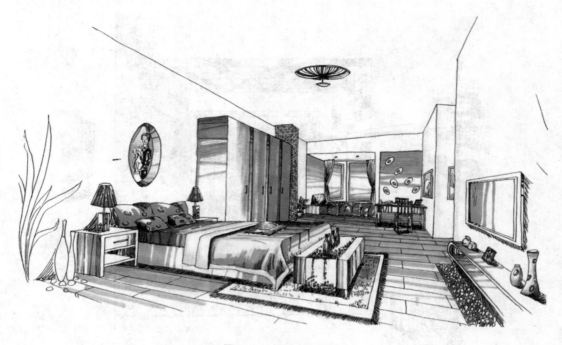

图 2 – 62　主卧效果图

图 2 – 63　儿童房效果图

8. 古色家居

设计者:唐千惠

指导教师:刘迪

设计说明:中式古典的风格使整个空间显得稳重自然,通过高级木质材料,营造一种端庄气派的家居氛围,室内陈设到处充满了古色古香的书卷气息,使整个室内空间显得更加温馨与宁静,令人回味悠长。

方案评语:该方案功能布置合理,宽敞整洁,有条不紊,毫无凌乱之感,整体色调简洁素雅、色彩统一,简约大气,将中国传统的仕女壁画、京戏脸谱作为重点装饰背景,给整个空间增添了传统文化内涵,营造出浓厚的古典韵味。

古色家居手绘表现设计图见图2-64~图2-69。

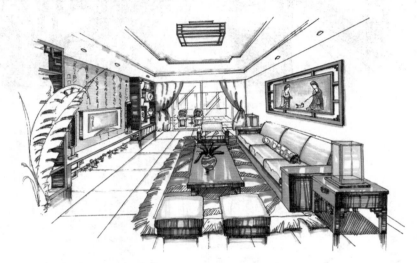

图2-64　客厅效果图

图2-65　厨房效果图

图 2-66　书房效果图

图 2-67　主卧效果图

图2-68　儿童房效果图

图2-69　卫生间效果图

9. 清怡苑

设计者:李满姣

指导教师:刘迪

设计说明:整个空间设计不单是对简约风格的遵循,也是个性的展示,空间主要以素雅的灰色为基调,但在每个空间都有不同色系的软装来渲染气氛,使得整个空间显得清新怡人,又有活力。此案运用米色木地板为房间气氛增添轻松欢快又不乏现代感,电视柜大胆选用灰色大理石与米色木地板材料对比相得益彰,在空间设计材料、色彩运用、家具装饰品陈设上融入空间简约时尚没有喧嚣与繁冗,尽显一派宁静悠远。

方案评语:该设计的选题为复式结构家居空间手绘设计表现,力求简约、时尚、温馨与和谐,清新色调时尚温馨而不突兀,白色墙面与蓝色地毯,散发出的是淡雅清新的味道,简单无忧的高品质生活,既不过分张扬,而又恰到好处的把雍容典雅之气渗透到每个角落,彰显个人品味。该设计空间运用合理、采光充足,设计元素干练,空间格局适当调整后形成了良好的串联关系,表达出时尚高雅的生活格调,将浪漫情怀与现代人对生活的需求相结合,兼容华贵典雅与时尚现代,从而反映出时代个性化品位,简约而充满激情,清新而不失厚重。

清怡苑的手绘表现设计图见图 2-70 ~图 2-79。

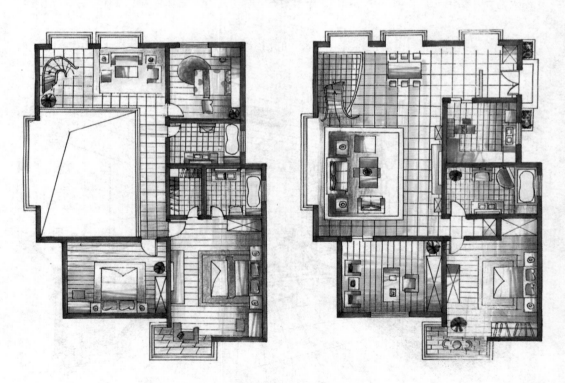

图 2-70　平面布置图

图 2 - 71　客厅立面图　　　　　　　　　　图 2 - 72　书房立面图

图 2 - 73　客厅效果图

图 2 - 74 厨房效果图

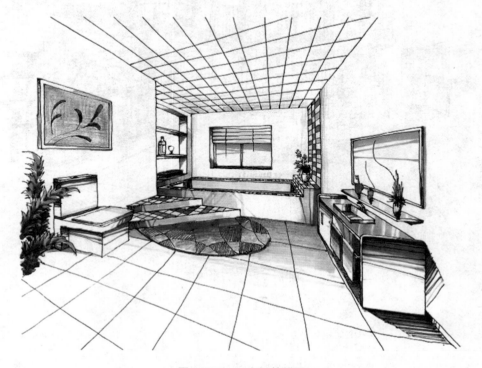

图 2 - 75 卫生间效果图

图 2 - 76　书房效果图

图 2 - 77　次卧效果图

图 2-78　儿童房效果图

图 2-79　主卧效果图

10. 新东方

设计者:吴梦月

指导教师:刘迪

设计说明:本案采用新中式风格,用线条来勾勒中华古风,表现出神清气朗、干脆利落的气质,家具陈设讲究对称,擅用字画、古玩、卷轴、盆景以及精致的工艺品进行点缀,更显主人的品位与尊贵,更具有文化韵味和独特风格,体现出中国传统家居文化的独特魅力。其中采用传统的玲珑雕花隔断,形成一个隔而不断、分而不离的互动空间,惬意的、时尚的品味生活体验尽在其中。

方案评语:该设计的选题为新中式风格的家居空间手绘设计表现,在浓郁的古典文化熏陶下,带给你纯正的大自然的味道,体现中式的内涵。该设计将古典与现代相结合,营造出清新、舒适的感觉,仿佛自然气息流逸,绿意盎然,亦满足了人们回归自然的心理需求,增强了形象的生动感和趣味性,各种花的形象跃然眼前,穿梭其间,纵然岁月流逝,依见花开绚烂,从而让你充分感受到中国的古典文化,其观赏性强,具有很强的艺术感染力。

新东方的手绘表现设计图见图 2 - 80 ~ 图 2 - 90。

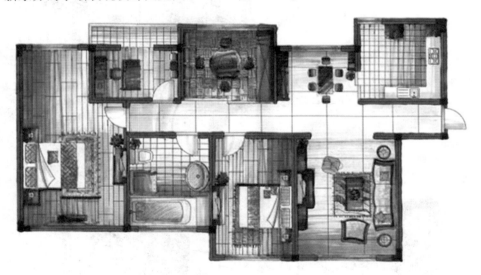

图 2 - 80　平面布置图

图 2 - 81　客厅立面图

图 2 - 82　茶室立面图

图 2 – 83　客厅效果图

图 2 – 84　餐厅效果图

图 2 - 85　茶室效果图

图 2 - 86　书房效果图

图 2 – 87　主卧效果图

图 2 – 88　次卧效果图

图 2 - 89　厨房效果图

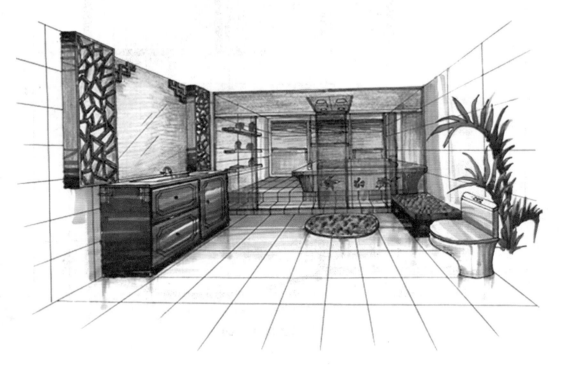

图 2 - 90　卫生间效果图

11. 律动的空间

设计者:张扬

指导教师:刘迪

设计说明:本方案主要是营造一个舒适、安静、高雅的家居空间。在风格上时尚而典雅,具有人性化的追求;在设计上,通过一些精美的造型及色彩、装饰、材质的搭配,来营造高品质的生活方式。

方案评语:该方案布局合理,构思细腻、设计精彩,家具造型简洁、色彩对比强烈,陈列配饰个性却不失稳重,整个空间层次明了,清晰直观,呈现出一种柔和温馨的视觉感受,使整个室内空间充满了现代感,符合年轻人的审美要求。

律动的空间的手绘表现设计图见图 2－91 ~图 2－47。

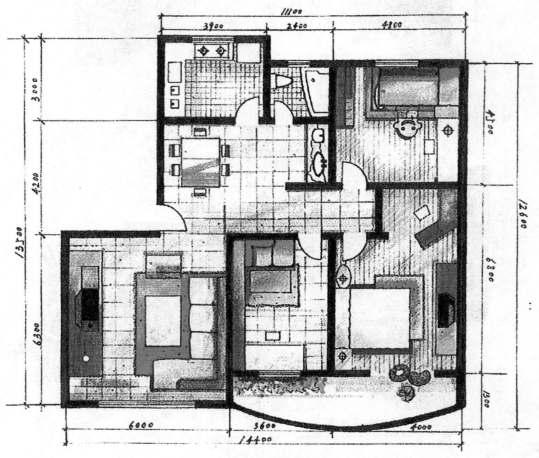

平面布置图 1∶100

图 2－91　平面布置图

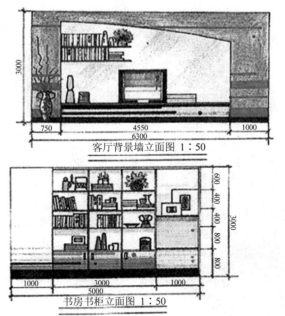

客厅背景墙立面图 1:50

书房书柜立面图 1:50

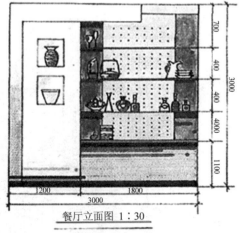

餐厅立面图 1:30

图 2-92 立面图

图 2-93 客厅效果图

图 2-94　餐厅效果图

图 2-95　书房效果图

图 2 - 96　卧室效果图

图 2 - 97　儿童房效果图

12."三川御锦台"项目

设计者:张卓(南阳市业之峰装饰有限公司设计总监)

案例介绍:"三川御锦台"项目位于南阳市新的中央商务区和中央生活区交汇处,北靠巍峨挺拔的独山,东临风景如画、碧波荡漾的南阳白河,拥有得天独厚的自然资源与生态环境。本案业主为较高收入的上班族,有一对双胞胎女儿,喜欢古典、高雅的装饰效果,注重生活品质,要求每个空间细节都务求做工精良、材质高档,有型有格。室内采光充足,空间运用合理、设计元素干练抽象,表达出时尚高雅的生活格调。运用明亮的色彩,为空间带来更好的光感;搭配欧式家具,浪漫而温馨;清晰利落的装饰线条、天然的石材质感和精致的灯具造型,带来华丽的效果,可以很强烈地感受传统的历史痕迹与浑厚的文化底蕴,将怀古的浪漫情怀与现代人对生活的需求相结合,兼容华贵典雅与时尚现代,使得整个空间温暖而宁静。

"三川御锦台"的手绘表现设计图见图 2 – 98 ~图 2 – 105。

图 2 – 98　客餐厅概念图

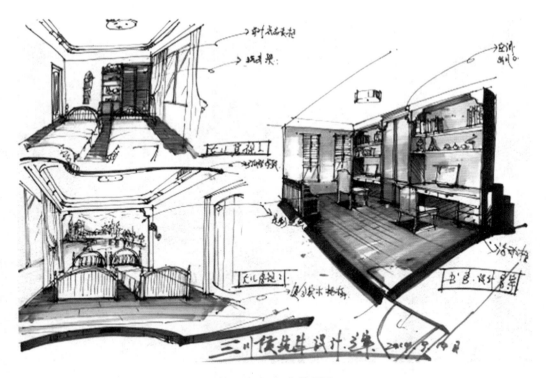

图 2 - 99　概念效果图

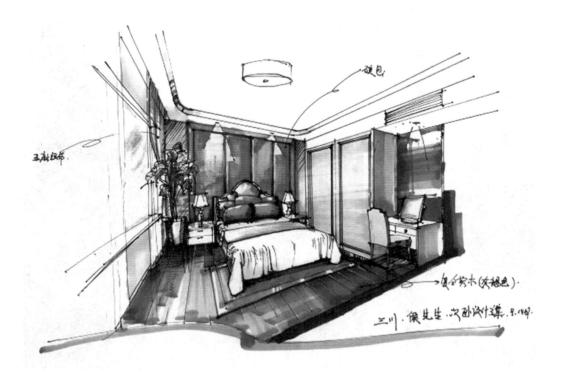

图 2 - 100　卧室效果图

图 2 – 101   客餐厅效果图

图 2 – 102   餐厅效果图

图 2 - 103　女儿房效果图一

图 2 - 104　女儿房效果图二

图 2 - 105　书房效果图

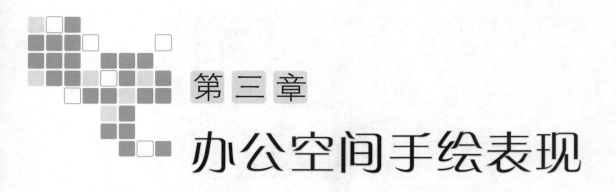

第三章
办公空间手绘表现

一、办公空间各部分手绘表现

1. 经理办公室手绘表现

企业领导的办公室要反映企业形象,具有企业特色,体现主人的权威性、企业的文化,以利于决策的贯彻执行与占据商业谈判的有利之势,要体现总经理的气质与品格。沙发、挂画、装饰品要选有气势的,让外来客人仰视而不可俯视。总经理的位子大小应根据室内空间的大小,与总经理本人身量的大小而定,要比例和谐。突出主人地位,防止反客为主。室内的一切装饰、设施,包括一个花盆、一个挂件都要体现为我所用的原则。沙发的摆放应围成一个U形,U形口朝着总经理,形成一个向心力与凝聚力。

2. 开敞办公室手绘表现

开敞办公室强调功能和空间的利用,必须让空间发挥最大得利用率,讲求空间的流畅和现代气息。根据职业的特征来选择办公室设计风格,在职业的共性之外,突出个性,公司标志、标准色的搭配,将公司的产品、服务和服务对象考虑进每一个细节。在开敞办公室设计上,应体现方便、舒适、明快、简洁的特点,显出严谨、沉稳的特点,不宜过多使用材料,要符合实用的要求,色彩与整体环境统一,布置时要结合空间形状,人流线路等。办公空间的绿色化涉及对自然的尊重和对人体健康的关注。也可以在空间内引入自然元素,室内自然景观可以缓解工作压力和获得理想视觉景观的作用。

3. 会议室手绘表现

按空间尺度分小会议室和大中型会议室。小会议室规模一般在十几人以下,空间较小;大中型会议室规模一般在十几人至百人之间。

按空间类型分封闭型会议室,具有很强的领域感、安全感和私密性;非封闭型会议室,具有极大的灵活性。

按功能不同分:普通会议室,主要满足会议的要求;多功能会议室,满足会议功能外,兼作其他空间使用。

会议室的布置以简洁、实用、美观为主,会议布置的中心是会议桌,其形状为方形、圆形、矩形、半圆形、三角形、梯形、菱形、六角形、八角形、L形、U形和S形等。会议室家具布置时应考虑必要的活动空间和交往通行尺度。布置时,应有主、次之分,可以采用企业标准色装修墙面,或在里面悬挂企业旗帜,或在讲台、会议桌上摆放企业标志(物),以突出本企业特点。

4. 多功能厅手绘表现

多功能厅兼顾报告厅、学术讨论厅、培训教室以及视频会议厅、舞厅等。多功能厅经过合理的布置,并按所需增添各种功能,增设相应的设备和采取相应的技术措施,就能够达到多种功能的使用目的,也提高了经济效益,广受欢迎。

多功能厅堂几何形状:呈矩形、扇形等,不宜呈钟形、要杜绝圆形。一些设计别出心裁,强调造型、布局等,把多功能厅规划成圆形或多边形,墙面若不加声学处理极易产生声聚焦,严重影响声场分布,破坏听觉效果。另外,钟形、圆形等不规则形状不利于舞台、音箱等的布置。当然,除非仅做开会之用,则桌子、座位可做弧形布置,但各侧墙仍应避免做圆弧形设计。

舞台:考虑到多功能厅应具备小型演出的能力及开会主席台的布置,舞台是一个必需要考虑的设施。舞台的形式多种多样,有传统的镜框式,有灵活的地台式,有设在中央的高台式,也有 T 形式。但一般作为会议、演出等,还是倾向于传统的镜框式。这对会议、影视播放等较为有利。总之,要通过设计元素、用料和规模,来体现公司的实力感、文化感。

5. 接待厅手绘表现

接待厅设计是企业对外交往的窗口,设置的数量、规格要根据企业公共关系活动的实际情况而定。布置要干净美观大方,整洁、明亮,庄重典雅,融合大气。可摆放一些企业标志物和绿色植物及鲜花,强调大方与简洁。同时,不能忽视一个重要因素,便是视觉心理,颜色搭配应采用清新、明快的色彩元素,并且在装饰的线条处理上要简洁而富有条理,以体现企业形象和烘托室内气氛。在满足功能需要的前提下,其装饰美感与行业风格特征等元素在装饰中得到体现。

二、办公空间手绘设计案例

1. 大树集团

设计者:付牧杭

指导教师:刘迪　付蕊

设计说明:本套办公空间设计方案,以简洁实用为原则,营造了舒适、高效、健康、富有人性的办公环境,同时融入了艺术内涵,使企业的精神文化在各个角度体现出来,具有现代感。整个办公空间各个区域划分合理,满足了工作所需,整体色调轻松愉快,使员工办公的心情能够沉静下来,工作效率可以得到提高,并在办公室内放置了绿化植物,将室外的感觉引入室内,与室内实际协调配合,创造出一个优美、雅致,具有艺术气氛和满足人们审美要求的工作环境,洋溢着自然风情,从而缩短了人与自然的距离,也满足了人们亲近自然的需求,使办公空间更具活力。

方案评语:该设计的选题为办公空间手绘设计表现,力求以简洁、实用为原则,营造舒适、高效、健康、富有人性的办公环境。该设计方案空间运用合理、采光充足,设计元素干练抽象的同时融入了艺术内涵,使企业的精神文化在各个角度体现出来,具有现代感。

该方案从空间划分上来说,整体合理并满足了工作所需。从整体色调来说,色调轻松愉快,使员工在工作时的心情能够冷静下来,提高工作效率。从软装饰来说,在办公室内放置绿化植物,为办公室增添了生机与活力,也满足了人们亲近自然的需求,感觉将室内与室外整体统一起来。在作品中,以简洁实用为原则,力求融入艺术元素,为办公空间增添活力。

大树集团形象设计案例图见图3-1~图3-12。

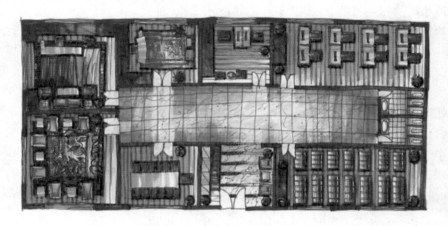

图3-1　总体平面图

图3-2　办公前台立面图

图3-3　总经理室立面图

图 3 - 4　办公建筑外观设计图

图 3 - 5　办公前台设计图

图 3 – 6 总经理办公室设计图

图 3 – 7 副经理办公室设计图

图 3 – 8　财务室设计图

图 3 – 9　开敞办公室设计图

图 3 - 10 多功能厅设计图

图 3 - 11 会议室设计图

图 3 - 12　接待室设计图

2. 何陋之有

设计者:刘锋、秦曼曼

指导教师:刘迪

设计说明:本案例为一多功能绘图教室,其设计宗旨为多功能兼具美观与实用性。该多功能绘图教室配备有电脑、液晶投影仪、实物展台、各种仪器静物陈列柜、书柜等。在网络教室与实践操作中得以充分体现,而且本教室有两个分区:教学区和洽谈区。洽谈区为校企合作的功能分区,以洽谈业务为主;教学区则是满足学生正常的学习和实践教学。该设计以环保节约能源为前提,借助有限的空间给予最大化利用,采用大玻璃窗采光,既满足了绘图的光线要求,也给师生的学习与交流提供一个舒适的环境。隔断的设计将大的空间分割成两部分,教学与工作都有自己独立的空间,同时也给洽谈区创造了一个私人空间服务于校企业务。还有各种墙面装饰、吊顶灯等设计都以学习和工作为主题元素,以学校的特色为理念,完成本次方案设计。

方案评语:该方案既创造出学习空间的实用性和极大性,运用空间层次变化,又创造出极丰富的教学空间。运用墙面装饰、隔断处理等手法,使整个画面简单并典雅,使材质在质朴的样式中忠实地呈现。其空间的视觉效果重点突出,搭配简洁时尚,能较好地掌握手绘表现的技法,其构图完整,塑造生动,画面布置均衡、整洁,线条表现流畅,所描绘的对象形体比例关系、透视关系结构准确,能够满足主要的造型使用功能,能充分表现出物体的质感、空间感,图面色调明确,色彩搭配整体和谐,从而充分显现出其开拓创新思维能力,以及审美能力和设计能力。

何陋之有的案例手绘设计图见图 3 - 13 ~图 3 - 16。

图 3 - 13　多功能绘图教室效果图一

图 3 - 14　多功能绘图教室效果图二

图 3 – 15　多功能绘图室效果图三

图 3 – 16　接待室效果图

3. 唯我主义

设计者:姜慧峰

指导教师:刘迪

设计说明:这是一个开敞办公空间设计,围绕个性、自我、与众不同的特征来展开,把整个办公空间全部打通,从而使到达室内各处空间距离都比较近,方便工作,视野更加开阔,增加整体性,使得空间虚实交替,通透敞亮,丰富了空间的结构美。

方案评语:该生明确地将自己的态度融于设计作品中,整个办公空间设计具有非常顺畅的交通流线,空间变化丰富,功能布局合理,满足办公方面的需求,设计看似简单,却富有新意,线路的设计配合空间的功能分区变化,使得整个空间层次丰富,毫无局促之感,为使用奠定了舒适的基础。

唯我主义的案例手绘设计图见图 3 – 17 ~图 3 – 19。

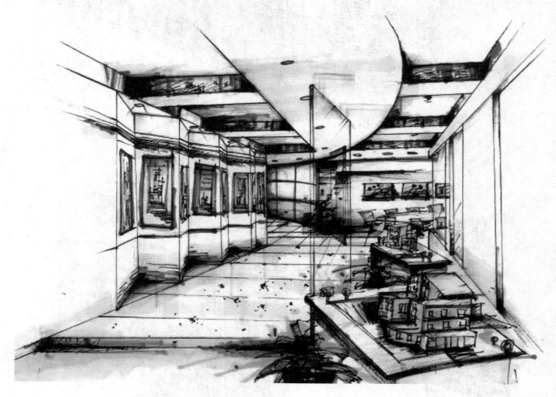

图 3 – 17　展示厅效果图

图 3 - 18　开敞办公室效果图

图 3 - 19　会议室效果图

4. ZAA 工作室

设计者:赵海双

指导教师:刘迪

设计说明:本方案以简约又不失时尚的风格,以干净柔和的色彩,以天然材料的质感,来营造一个明快舒适的办公环境,其设计造型以树木的成长形象为主题,从而体现人与自然的和谐,使办工人员置身其中,心情愉悦。

方案评语:该方案采用现代简约的设计风格,整个空间布局大气、美观,通透明亮,空间造型,材质色彩特色比较鲜明,把室外树木等自然元素引入室内,烘托办公空间惬意的氛围,使时尚潮流的动态美与自然美相融合,现代感极强。

ZAA 工作室的案例手绘设计图见图 3 - 20 ~图 3 - 26。

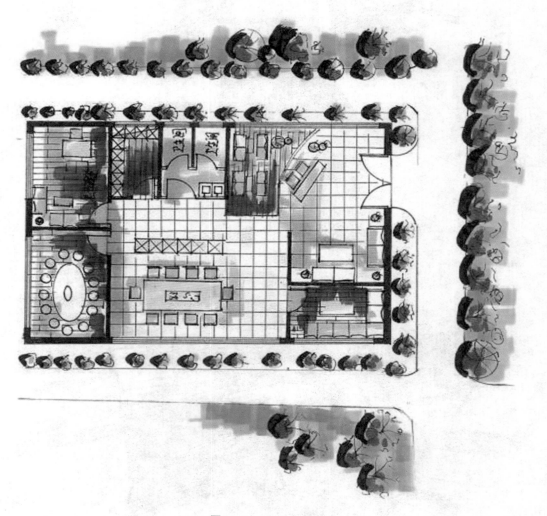

图 3 - 20　平面布置图

图 3-21 建筑外观效果图

图 3-22 接待室效果图

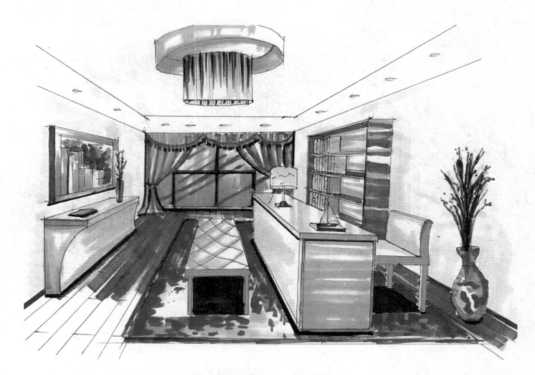

图 3 - 23　副经理办公室效果图

图 3 - 24　总经理办公室效果图

图 3 – 25 会议室效果图

图 3 – 26 开敞办公室效果图

5. 翡丽

设计者:陈玉婷

指导教师:刘迪　付蕊

设计说明:该办公空间采用欧式新古典主义风格,在装饰格调上以豪华,大气,亦颇具文化气息为主,较好地体现企业形象,企业实力感。画面采用石材、木质材料、玻璃质感相配合,布置灵活,色调统一中求变化,绚丽多彩,增强了空间的视觉艺术感。

方案评语:该方案设计以暖色调为主,整体印象富丽堂皇,空间氛围统一和谐,呈现出柔和温馨的视觉感受,整体设计豪华大气、美观时尚,同时注意空间布局与使用功能的完美结合。其办公家具组合、配饰讲究丰富,各界面装饰造型相呼应,寓意深刻,给整个空间增添了文化内涵,营造出浓厚的新古典韵味。

翡丽的案例手绘设计图见图 3 –27 ~图 3 –35。

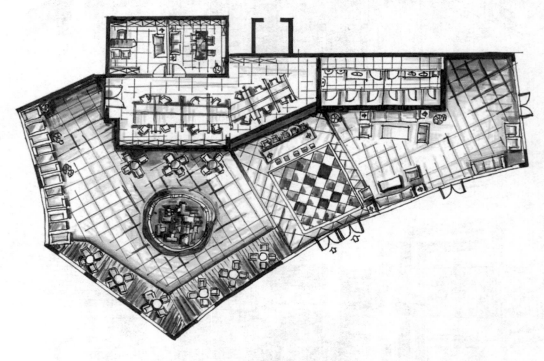

图 3 –27　平面布置图

图 3 - 28　经理办公室立面图

图 3 - 29　接待厅立面图

图 3 – 30　总经理办公室效果图

图 3 – 31　副经理办公室效果图

图 3 - 32　前台大厅效果图

图 3 - 33　接待厅效果图

图 3 – 34　开敞办公室效果图

图 3 – 35　多功能厅效果图

6. 乐巢

设计者:王思雨

指导教师:刘迪 付蕊

设计说明:本方案是一家装饰公司设计,"巢"字意蜂巢,"乐巢"顾名思义是员工们像蜜蜂一样勤劳快乐的为客人提供至高无尚的服务。整体设计以暖色调为主,温馨舒适,简约大方,运用简单的几何元素塑造空间,布局合理,实用性强,材料选用木质与玻璃搭配,简洁而又美观,整体效果宽敞明亮,增强了室内的采光效果。

方案评语:该案例通过"乐巢"作为设计的主题,展示办公文化内涵。效果图清晰明了,色彩搭配和谐统一,透视准确,空间感强烈,整体设计分区明确且布局开敞合理,功能实用。材质以木质为主,运用得当,给人以厚重感,其立面图表现较为丰富,不足之处是,画面缺乏在细节上的考虑,缺少变化,整体空间稍显空旷。

乐巢方案的手绘设计图见图 3 - 36 ~图 3 - 43。

图 3 - 36   经理办公室立面图

图 3 - 37   会议室立面图

图 3 - 38   开敞办公室立面图一

图 3 - 39   开敞办公室立面图二

图 3 - 40　建筑外观图

图 3 - 41　经理办公室效果图

图 3 – 42　开敞办公室效果图

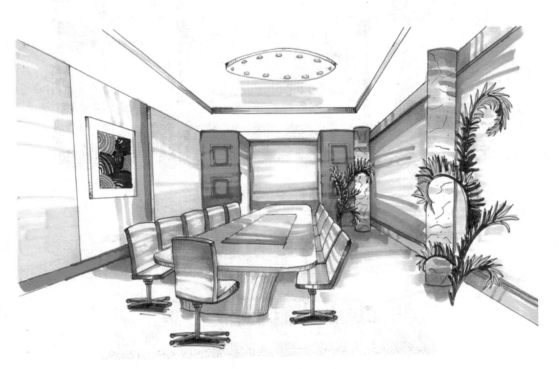

图 3 – 43　会议室效果图

7. 风易缘

设计者:贾秋霞

指导教师:刘迪　付蕊

设计说明:本设计采用现代中式风格,省去了古典中式过渡繁杂的精雕细刻,更多地利用现代手法,既保留中式的朴素、简约,文化内涵和雅致,又增添了与时具进的现代感。办公家具布置上保留中式经典的对称造型,材质选用大量的实木质感,彰显公司的实力,又搭配大面积的中性灰色系列,高雅大方,流露出公司的文化内涵与文明底蕴。

方案评语:该方案能较好地把握设计风格,木质材质与软装搭配,运用得当,整体风格统一协调,并且各个功能布局分区明确,清晰到位,简约大方,置身其中,舒适惬意,空间氛围和品味的打造全面细致,办公家具组合配饰选用也较为丰富,将典雅与现代相融合,气质淡雅清新,增添了一分文化气息,营造出一个自然舒适却又不失个性的办公环境。

风易缘方案的手绘设计图见图3-44~图3-57。

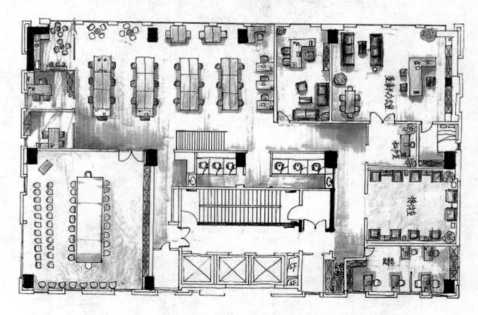

图3-44　平面图

图3-45　会议室立面图

图 3 - 46 经理办公室立面图

图 3 - 47 经理办公室效果图

图 3 - 48 副经理办公室效果图

图 3 - 49 开敞办公室效果图一

图 3 - 50 开敞办公室效果图二

图 3 - 51 接待厅效果图一

图 3 - 52 接待厅效果图二

图 3 - 53 接待厅效果图三

图 3 - 54 会议室效果图一

图 3 – 55　会议室效果图二

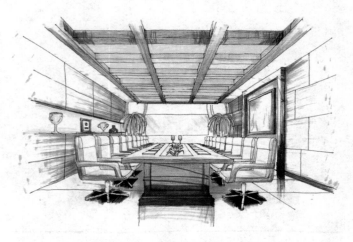

图 3 – 56　会议室效果图三

图 3 – 57　多功能厅效果图

第四章

餐饮空间手绘表现

一、餐饮空间各部分手绘表现

1."中餐厅"手绘表现

装饰风格:我国幅员辽阔,民族众多,地域和民俗的差异很大,社会风俗、风土人情、自然历史等各方面都是中餐厅设计构思的源泉。可采用传统形式符号进行装饰与塑造,如运用宫灯、斗拱、书画、传统纹样等装饰语言组织饰面。也可采用我国园林设计的艺术进行空间组织设计。

平面布局:对称式布局,采用严谨的左右对称方式,空间开敞,场面宏大,隆重热烈,适合于举行各种盛大喜庆宴席;自由式布局,结合地形特点采用自由组合的特点。

灯具:在餐厅照明中,灯具不仅具有一定的照明作用,还具有装饰的效果,因此,灯具的选择和家具一样,尽可能选择具有传统神韵的灯具,同时,要结合空间造型、空间尺度等。

陈设:常以一些带有传统或地方特色的艺术品、工艺品进行点缀,以求丰富空间感受,烘托传统气氛。常用到陈设品和装饰图案,选择的图案主要有传统的吉祥图案,如龙、凤、麒麟、鹤、鱼、鸳鸯等动物图案和松、竹、梅、兰、菊、荷等植物图案;中国字画,选择要与空间的性格及尺度相符合;古玩、工艺品,大到中式的漆器屏风,小到供掌上把玩的茶壶,除此之外,还有许多玉雕、石雕、木雕等,甚至许多中餐馆常见的福、禄、寿等瓷器;生活用品和生产用具,具有浓郁生活气息和散发着泥土芬芳的用品和用具可以感受到当地的民风民俗。

2."西餐厅"手绘表现

餐厅特征:西餐厅与中餐厅最大的区别是以国家、民族的文化背景造成的餐饮方式的不同。欧美的餐饮方式强调就餐时的私密性,就餐单元常以 2～6 人为主,餐桌多为矩形,常以美丽的鲜花和精致的烛具对台面进行点缀。

装饰风格:常用一些欧洲建筑典型的元素来构成室内欧洲古典风情,常用的有线角,主要用于顶棚与墙面的转角,墙面与地面的转角,以及顶棚、墙面、柱、柜等的装饰线;柱式,无论是独立柱、壁柱,还是为了某种效果而增加的假柱,均可采用希腊或罗马柱式风格进行处理;拱券,经常用于墙面、门洞、窗洞以及柱内的连结。包括尖券、半圆券和平拱券。还可应用于顶棚,结合反射光槽形成受光拱形顶棚。

家具与灯具:餐桌多为2人、4人、6人或8人的方形或矩形台面。传统西餐厅常用古典造型的水晶灯、铸铁灯及现代风格的金属磨砂灯,墙面经常采用欧洲传统的铸铁灯和简洁的半球形上反射壁灯。

装饰品与装饰图案:雕塑,可结合隔断、壁龛以及庭院绿化等设置;艺术品,西洋绘画、油画与水彩画都是西式餐厅经常选用的艺术品;工艺品,如银质烛台和餐具及瓷质装饰挂盘和餐具等;生活用具与传统兵器,一些具有代表性的生活用具和传统兵器也是西式餐厅经常采用的装饰手段,生活用具(如水车、啤酒桶、舵与绳索等)反映了西方人的生活与文化。除此之外,传统兵器在一定程度上反映了西方的历史与文化。装饰图案大量采用植物图案,也有一些西方人崇尚的凶猛的动物图案(如狮、鹰等),还有一些与西方人的生活密切有关的动物图案(如牛、羊等),他们甚至将牛、羊的头骨作为装饰品。

3."快餐厅"手绘表现

快餐厅装饰设计的风格取决于业主的经营定位,它可以多种形式,如西式快餐因其服务对象是儿童,其装修新颖、明快、用色大胆。总的来讲快餐厅的装饰设计原则应简洁、明快、大方。在空间处理上应简洁明快、通透开敞,尽可能采用开敞式或半开敞式就餐方式。地面多采用抛光地砖或石材,可根据区域的不同进行分色。墙面多采用白色或彩色乳胶漆,或与成品板相组合,墙面局部可用小型装饰画进行点缀。顶棚则多采用平吊或开敞式吊顶,或两者的组合。

4."风味餐厅"手绘表现

风味餐厅从空间布局、家具设施到装饰词汇洋溢着与风味特色相协调的文化内涵,目的使人们在品尝菜肴时,对地方民族特色、建筑文化、生活习俗等有所了解和感受。地域文化符号被引用到现代室内设计中,散发着浓郁的地方乡土气息。

5."茶室"手绘表现

茶文化是中国传统文化的重要组成部分,其装饰设计应该体现中国文化的内涵。茶室在空间组合和分隔上采用中国园林的设计手法,避免一目了然。在装饰风格上,可采用传统风格或现代风格。

传统风格:这类风格的茶室以地方特色或传统符号为装饰手段。如:采用地方材料以体现地方特色和野趣;采用地方工艺品或字画进行装饰点缀等。

现代风格:这种风格在空间特色上体现传统文化的精髓,而在装饰材质和细部上则更加注重时代感。如大量采用玻璃、金属材质、抛光石材和亚光合成板等。装饰品多以带镜框的小型字画为主,再加上精美的工艺品等。

二、餐饮空间手绘设计案例

1. 维多利亚主题餐厅

设计者:陈玉婷

指导教师:刘迪　吴静

设计说明:维多利亚主题餐厅是一个主要面对高薪族消费群体的餐厅,是一个集就餐、聚会、咖啡于一体的高档休闲娱乐空间,能带给消费者一个休息、放松的环境,使人们身在其中感到愉悦,忘记生活和工作带来的压力。整个空间主要以安静、神秘、奢华为主,颜色采用红、黄、蓝、绿等色相互搭配,比较醒目,空间布局上以分隔和独立为主,尽量做到每一桌都不受到另一桌的打扰,相互之间有隔断,或者本身造型就在一个独立的空间中,是一个适合聚会交流的空间。

　　方案评语:整个空间功能分布合理,每组定位都具有各自的特点,开放和独立的空间能更加方便地满足不同人群的需要,充满新奇和灵动。该案例通过丰富的色彩和材料的应用,以及室内软装设计,营造浪漫的氛围,满足个性品位和审美需求,并将材质和色彩运用到位,利用互补的手法创造出统一和谐的效果。冷暖色调相结合,给人以强烈的视觉冲击。

　　维多利亚主题餐厅的手绘设计图例见图4-1~图4-6。

图4-1　平面图

图4-2　立面图

图 4 - 3　前台大厅效果图

图 4 - 4　综合餐厅效果图一

图 4 – 5　综合餐厅效果图二

图 4 – 6　餐厅包间效果图

2. 大河人家餐馆

设计者：田起源

指导教师：刘迪

设计说明：该餐饮空间设计方案高度重视大自然所恩赐的湖光山色，借天然美景，融入人文关怀，历史底蕴与现代风貌于一体，简洁自然又不失庄重大气，希望给消费者创造一个安静、自由的就餐环境。造型上，灵活运用重复、对称等手法，让空间充满理性和秩序。色彩上，红色、黄色、蓝色等纯色搭配木质材料大量使用，象征着高端、古朴、自然的空间语言，用这种单纯简约的艺术手法探索着形体、色彩与空间的关系，从而在这个繁华忙碌的都市中编织出一种舒适、和谐的山水园林型餐饮空间。

方案评语：该作品通过精心的设计，使整个空间非常和谐统一，透过这样的空间，我们能感受和体会到空间背后的文化，高雅、恬静并赋予传统气息，运用手绘表达方式，创造出一种回归自然、传统与现代融于一体的独特艺术氛围。设计者重视历史底蕴与现代风貌的结合，简洁自然又不失庄重大气。能够根据各类就餐人群的层次及需求，通过艺术的表现手法，赋予各个餐饮空间各自不同的视觉感受，使客人在饮食的过程中体会周围的环境氛围带来的轻松愉悦。更为重要的是无论从设计者设计的空间来看，还是从手绘表现技巧来看，该生具有较强的设计创作能力和表现能力，极具创作天赋，能够很好地把作品的特征表现出来，引起人们内心共鸣。

大河人家餐馆的案例手绘设计图见图 3-17 ~图 3-19。

图 4-7　总平面布置图

图 4-8　综合餐厅立面图

图 4-9　餐厅包间听澜轩立面图

图 4-10　餐厅包间福怡轩立面图

图4-11 餐厅建筑外观效果图

图4-12 餐厅大堂效果图

图 4 – 13　综合餐厅效果图

图 4 – 14　餐厅包间静雅轩效果图

图 4 - 15　餐厅包间清韵轩效果图

图 4 - 16　餐厅包间听澜轩效果图

图 4 – 17   餐厅包间翠馨轩效果图

图 4 – 18   餐厅包间碧苑轩效果图

图 4 - 19　餐厅包间醉春轩效果图

图 4 - 20　餐厅包间福怡轩效果图

3. 养生素食店

设计者:李亚姣

指导教师:刘迪　吴静

设计说明:素食养生一直都被人们所关注,一些女性瘦身者都比较喜欢素食,既可以调养身心,又可起到健康身体、延年益寿的作用。为了在空间中体现"素"的感觉,陈设、家具造型独特简洁,材质上会在木材、石材中进行挑选搭配,色彩上主要以白色、灰色来体现"素"的感觉。

方案评语:设计具有较强的逻辑性,在深入研究素食这一主题后,从概念到表现基本上完成了素食空间的需求。造型规划较为合理,功能布局丰富了整个餐饮空间,给就餐者提供了更多的选择,在一些细节设计上也很有创意,新颖独特,并具有活跃的元素,色调的安排很好地控制了整体餐厅的环境气氛。

养生素食店的手绘设计图例见图 4 – 21 ～图 4 – 26。

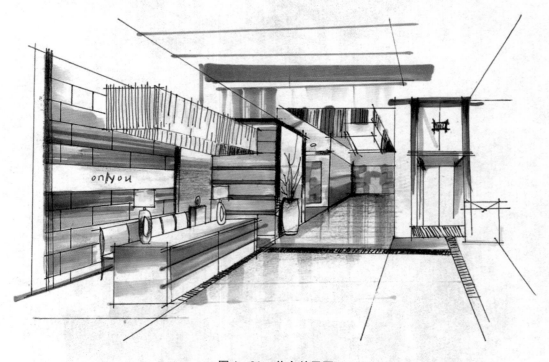

图 4 – 21　前台效果图

图 4 – 22　综合餐厅效果图一

图 4 – 23　综合餐厅效果图二

图 4 - 24　综合餐厅效果图三

图 4 - 25　吧台效果图

图 4 - 26　餐厅雅间效果图

4. 艺莱斯音乐餐厅

设计者:刘夏阳

指导教师:刘迪

设计说明:这是为都市人设计的一种全新的餐饮体验,艺莱斯音乐餐厅,给钟爱音乐的人提供了一个集酒吧、餐饮、演艺于一体的多功能空间,更加全面地满足了消费者的多种需求。餐饮空间设置的有酒吧台、大厅、包间,以满足各种客人的不同需要;色彩上局部采用蓝灰色,配以家具、灯具、装饰陈列品等造型,体现一种神秘的高雅气质。

方案评语:该生以音乐符号为设计元素,大胆时尚,带给人们直观全面的视觉感受,符合现代年轻人的审美。该设计材质运用和造型设计丰富多彩,家具组合,配饰选用相互呼应,能分别设计出符合不同人群需求的就餐形式。整个空间设计主题突出,布局功能合理,就餐形式丰富,整体装饰格调统一,带给使用者一种较高的用餐品质,能给人留下深刻的印象。

艺莱斯音乐餐厅的手绘设计图例见图 4 - 27 ~图 4 - 30。

图 4 – 27　大堂效果图

图 4 – 28　综合餐厅效果图一

图 4 – 29　综合餐厅效果图二

图 4 – 30　餐厅包间效果图

5. 荷塘月色餐馆

设计者:齐文玉

指导教师:刘迪

设计说明:本案为一中式风格的餐厅设计,荷塘花香,月色清凉,追求荷塘月色一样的雅致神韵。整个餐厅是极简主义风格,没有过多的装饰,贴近自然,从而体现出轻盈雅致的氛围,利用木质隔断来营造一种虚实变化的装饰效果,赋予了空间浓郁的中式气息,让人们在品尝菜品的同时感觉更加平静。

方案评语:该方案空间面积不算很大,但功能布局合理,具有丰富的空间变化,体现出了一种对自然的追求和一种悠闲的心境。设计者通过中国古典建筑装饰中典型的木格栅、花式空格等作为室内装饰部件,展示出中式古典风格,虚实结合,增强空间关系,并利用室内布景形式,表现了荷塘水面的平静,让人在用餐的同时享受到一种宁静的氛围。

荷塘月色餐馆的手绘设计图例见图 4 - 31 ~图 4 - 34。

图 4 - 31　前台效果图

图 4 - 32　综合餐厅效果图

图 4 – 33　餐厅包间效果图一

图 4 – 34　餐厅包间效果图二

6. 梦回唐朝餐馆

设计者:乔亮亮

指导教师:刘迪

设计说明:本案设计风格属于现代与中式相结合,在满足功能的前提下,引入了中式家具、字画及能体现唐朝文化氛围,提升质朴的品位,色调以暖色为主,在灯光照射下局部色彩跳动,明暗对比强烈,使得餐厅氛围更加浓郁,更加现代。

方案评语:该方案设计造型和装饰元素使整个空间凸显出典型的现代中式风格,背景墙面装饰是整个设计中浓墨重彩的一笔,展现盛唐文化,装饰材料选用木质为主,古朴自然,吊顶上宫灯的造型将整个餐厅的温馨展现得淋漓尽致,整体效果宽敞明亮,采光充足,使人置身其中,心情愉悦。

梦回唐朝餐馆的手绘设计图例见图4-35~图4-37。

图4-35 餐厅包间效果图一

图 4 - 36 餐厅包间效果图二

图 4 - 37 餐厅包间效果图三

7. 威尔斯餐厅

设计者:赵海双

指导教师:刘迪

设计说明:本方案主要是营造一个舒适、安静、高雅的餐厅空间。在风格上,时尚而典雅;在设计上,通过精美的吊灯,简约时尚的装饰画,珍贵的陈设品,搭配木质纹理、艺术玻璃、大理石材,营造出高贵典雅的空间意象。使客人在用餐时,能感受到高档舒适的氛围。

方案评语:该方案通过各种元素的运用,营造出空间柔美、优雅的格调,和谐自然的气息。餐厅的色彩采用同色系列的暖色,适当地点缀小面积的冷色,呈现出明朗轻快的情调,不仅能给人以温馨感,还能提高进餐者的兴致和食欲。大面积的艺术玻璃设计也显示出时尚潮流之美,拉大了空间感,使得整个空间通透明亮。

威尔斯餐厅的手绘设计图例见图 4-38~图 4-42。

图 4-38　建筑外观效果图

图 4 - 39　前台大堂效果图

图 4 - 40　综合餐厅效果图

图 4 – 41　餐厅雅座效果图一

图 4 – 42　餐厅雅座效果图二

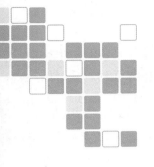

第五章

商业空间手绘表现

一、商业空间各部分手绘表现

1."店面橱窗"手绘表现

店面设计是一个系统工程,包括设计店面招牌、路口小招牌、橱窗、遮阳篷、大门、灯光照明、墙面的材料与颜色等方面。各个方面要相互协调,统一筹划,才能实现整体风格。通过品牌名称、标志、标准字、标准颜色等视觉要素在各种视觉载体上的应用,并对各种载体进行创意设计,把品牌理念以视觉方式传达给消费者。设计灵感大气且实用,如鹤立鸡群,极具视觉冲击力、品牌传播力和销售促进力,整体风格统一。以别出心裁的设计吸引顾客,切忌平面化,努力追求动感和文化艺术色彩。通过一些生活化场景使顾客感到亲切自然,进而产生共鸣,通过本店所经营的橱窗巧妙的展示,使顾客过目不忘,印入脑海。

橱窗是商业形象的重要标志,是展示商品并体现经营特色"窗口"。橱窗的设计应具有鲜明的商业个性化特征,销售的目标对象是其立意的基本主题表现。橱窗的形式有外凸和内凹两种,橱窗内壁可根据商品展示的需要,采用封闭或开敞的处理办法。可通过设置倾斜的橱窗玻璃或在近橱窗前种植树木以消除眩光。橱窗的尺度应根据建筑构架、商店经营性质与规模、商品陈列方式以及室外环境空间等因素确定。橱窗内的照明需要有足够的照度值,对重点展品,通过射灯聚光的局部照明方式。

2."店内设计"手绘表现

店内设计要形成并严格贯彻本品牌的店铺装饰风格,整体布局要求曲折有致,自然流畅,产品摆放形式和数量更需合情合理,切莫过份凌乱、稀落或拥挤。首先,要形成自己独有的品牌风格,更好的展示品牌形象,促进产品销售。创意是形成本品牌独特店铺风格的关键,同时,这个创意必须围绕着本品牌的核心价值、品牌个性、品牌形象等来展开思考和创新。不论此创意是放在店门入口处,还是放在店内中心位置或者是店内一角,都要求大气、夺目,让人在心灵间得到启发、享受和震撼。除此之外,店内整体要协调,可由众多小创意组织而成,并与大创意融为一体,最终形成整间店的独特风格,能明显区分其他品牌专卖店的同时,又极具亲和力,容纳万千。

合理的空间布置与商品搭配,可以更好地组织人流,甚至增加商品销售。商品的空间布置应依据其种类、面积、形状、入口及设施等要素而确定,其布置形式可采用顺墙式、岛屿式、斜交式、放射式、自由式、隔墙式、开放式等。视觉引导是商业空间重要的设计内容,设计方法主要有:通过柜架、展示设施等的空间划分,作为视觉引导的手段,引导顾客视线注视商品的重点展示台与陈列处;通过营业厅地面、顶棚、墙面等各界面的材质、线型、色彩、图案的配置,引导顾客视线;采用系列照明灯具、不同的光色、光带标志等设施手段引导顾客视线。产品摆放形式和数量要讲究合情合理,一方面要展示产品,另一方面要有利于促进销售,还要有利于品牌形象的展示与传播,摆放方式可创新,变幻多样。

二、商业空间手绘设计案例

1. 浅时光

设计者:高天

指导教师:刘迪

设计说明:此方案为一品牌服饰专卖店设计,设计中商品的摆放多为一致方向,使商品展示重复构成,显得整齐且有规律,达到了视觉展示的作用。通过有效的利用空间,精巧地布局,造型搭配,绿叶的装饰墙面处理,使生硬的空间更具亲和力,营造出优雅的购物环境及更多的自然气息。

方案评语:该方案空间分区合理,根据不同商品的特点,设计出符合商品功能特性的展柜和货架。运用不同形态的展示造型,增强视觉审美效果,突出设计语言的丰富性。背景墙立面层次丰富,植物造型与平面结合,运用不同质感有效的烘托出商业空间展示氛围。但不足之处是,总平面图布局感觉较空旷。

浅时光手绘设计案例图如图5－1～图5－3。

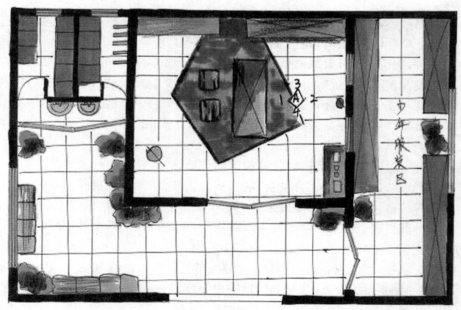

图5－1　平面布置图

1/A 立面图　　　　　　　　　2/A 立面图

图 5 - 2　立面图

图 5 - 3　店内效果图

2. 羽沙国际

设计者:孔明月

指导教师:刘迪

设计说明:本方案在材料选择上以木材与瓷砖为主,配合各种造型组合,从而达到视觉空间上的延伸和拓展。整体色调以绿色系为主,与店面橱窗设计相呼应,让整个空间统一和谐。静态秀中呈现出商品的搭配性强,款式丰富且有质感,优质的面料,精致的做工,简洁独到的款式,无不展示着该品牌的魅力。

方案评语:该方案整体空间设计明快简洁,空间布局错落有致,功能性与实用性较为突出。采用简洁的线与面的结合,特别是吊顶的曲线设计别出心裁,装饰纹样运用绿色,与墙体壁纸相呼应。展示柜与整体室内空间氛围融为一体,现代构成手法,充分体现了时尚感。

羽沙国际手绘设计案例图见图 5 - 4 ~图 5 - 6。

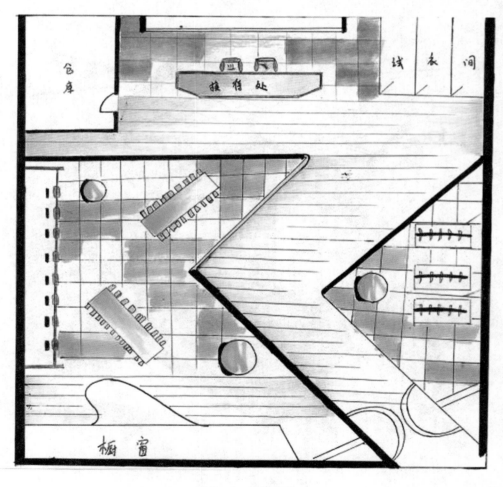

图 5 - 4 平面布置图

图 5 - 5　橱窗立面图

图 5 - 6　店内设计效果图

3.中国瓷专卖店

设计者:赵海双

指导教师:刘迪

设计说明:中国瓷文化历史悠久,独具特色。本方案在充分满足使用功能的前提下,力求设计有创意。整体设计简洁大方,引入中式家具造型,中国字画来体现中国古典文化氛围,经美瓷器体量厚重,沉稳,品位高尚,显得更加醒目。

方案评语:该生巧妙地利用空间,对墙面进行了大胆的处理,从而使整个空间显得丰富灵活,形成设计中的亮点,从而展现了该品牌的特质。同时,又能做到整体把控,统一而有变化,虚实结合恰到好处。材质选择质朴低调,完美烘托出中国瓷品牌产品形象。

中国瓷专卖店手绘设计案例图见图 5 - 7 ~图 5 - 10。

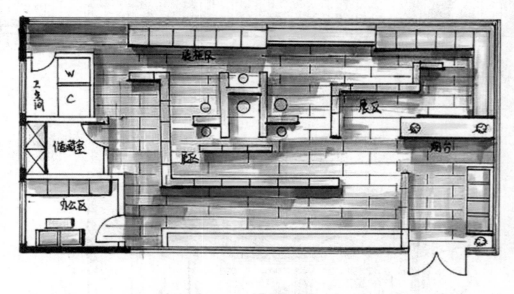

图 5 - 7　平面布置图

图 5 - 8　立面图

图 5 – 9　建筑外观效果图

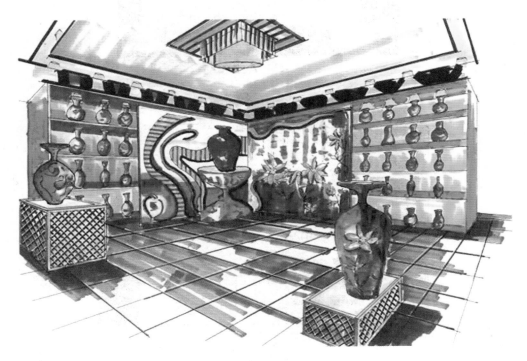

图 5 – 10 店内设计效果图

4. E·L 专卖店

设计者:郭志康

指导教师:刘迪

设计说明:本案为商务男装售卖空间,材料的选择质朴且理性,其造型和色彩都是从服装品牌中提取出极具品牌风格的元素,加以重新组合拼接,使其成为整个设计中完整的一部分,从而更好的表达空间特点,给体验者带来最本质的视觉感受。

方案评语:该生能把握品牌的实质,精准地提炼出品牌特征,并将这些转化为设计灵感,平面布局满足了功能的需求,空间变化连贯、流畅。空间立面设计简洁且优雅,界面处理丰富,细部表现及陈列柜的色彩安排也对该品牌产品进行了进一步诠释,体现出男装硬朗特质。

E·L 专卖店手绘设计案例图见图 5 – 11 ~图 5 – 14。

图 5 – 11 平面图

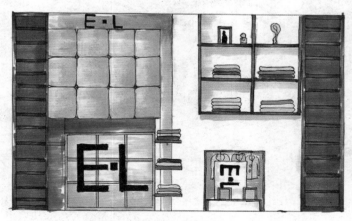

图 5 – 12 立面图一

图 5 – 13　立面图二

图 5 – 14　店内效果图

5. Dream 服装专卖店

设计者:张倩倩

指导教师:刘迪

设计说明:Dream 代表着每个女孩的梦想,穿上优雅美丽的衣装,迎接全世界的赞美。本案主要是针对女性顾客的服装店,因此采用了适宜女性柔和温馨的色彩进行搭配,加上人性化的设计,尤如置身于公主的衣橱,使顾客能够完全放松,享受购物的乐趣。

方案评语:该设计通过分析品牌的服装特征,捕捉形式语言,整体设计简洁,空间比较宽敞,室内材质选择以柔和温馨的色彩为主,运用图案的形成使空间和展品统一在一起,清秀,飘逸,整个空间为 Dream 服装专卖店营造出了浪漫的氛围。

Dream 服装专卖店手绘设计案例图见图 5 – 15 ~图 5 – 17。

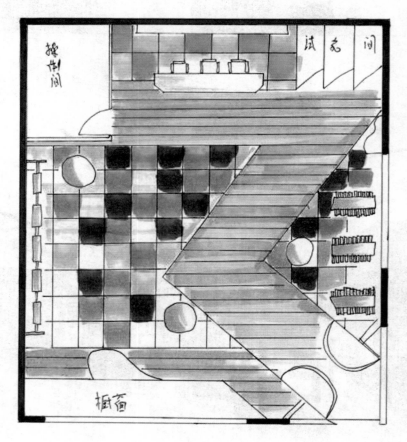

图 5 – 15　平面图

图 5 – 16 橱窗立面图

图 5 – 17 店内效果图

6. 旅游用品专卖店

设计者:陈玉婷

指导教师:刘迪

设计说明:年龄有界,心态无限,实际年龄已不再是阻碍追求时尚与流行的枷锁。本案为户外旅游用品专卖店设计,专卖店目标人群以崇尚独立、自由、感性的都市男女为对象,以积极健康的方式体验生活的大众消费群体,店内主要功能区域分布合理,朴实随意,简约休闲,店内的亮点是地面展示了户外帐篷造型,吊顶运用了原生态绿色条藤进行布置,激发了人们的购买欲望。

方案评语:旅游用品专卖店设计体现了一种朴实、简约的休闲风格,平面布置采用倾斜线条的形式,增加了室内的动感与时尚感,功能布置合理。设计中把植物引入室内,与地面帐篷展示相呼应,形成了一个丰富的精神空间,增强了人与自然的互动,让消费者有种身临其境的感受。

旅游用品专卖店手绘设计案例图见图 5 - 18 ~图 5 - 20。

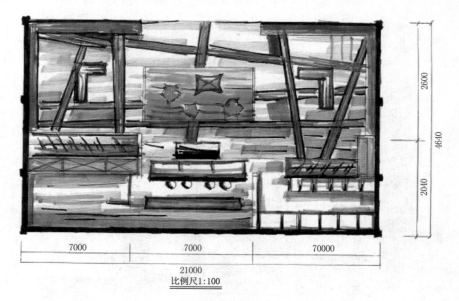

图 5 - 18   平面图

图 5 - 19   立面图

图 5 – 20 店内效果图

7. 香水专卖店

设计者:王思雨

指导教师:刘迪

设计说明:本方案是知名品牌香水专卖店设计,颜色采用紫色和中性色进行搭配,带给人的不仅是高贵,还是追求一种简洁雅致。在专卖店室内还设置了座位休息椅造型,目的使顾客在购买体验过程中可以休息,旨在体现以人为本的设计理念。

方案评语:该设计交通流线顺畅,空间变化丰富,平面功能布置合理,简约,且利用率极高,满足逛店、驻足挑选和体验等多方面的需要。展示空间设计的展柜造型,可以方便顾客随意挑选。设计思路使得设计更具有实用性和人性化,既体现了品牌简洁优雅的高贵品质,也隐喻了产品功能的包容性,能够以自身的感悟去诠释品牌的精神。

香水专卖店手绘设计案例图见图 5 – 21 ~图 5 – 24。

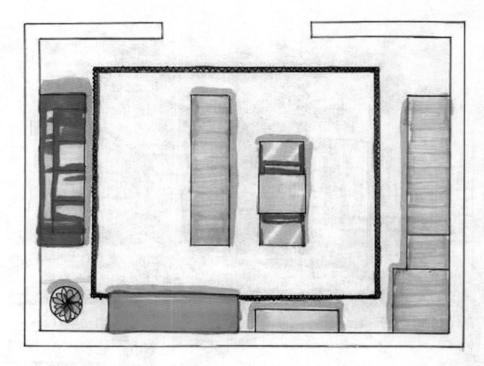

图 5 – 21　平面图

图 5 – 22　立面图

图 5 - 23　店内效果图一

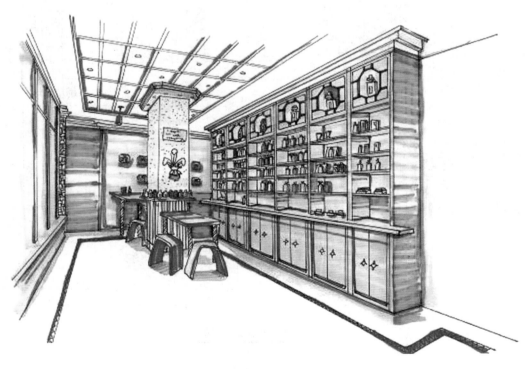

图 5 - 24　店内效果图二

8.时代光华书店

设计者:郎亚男

指导教师:刘迪

设计说明:本书吧设计风格为现代简约,简单而不缺时尚。书吧分为服务区、阅读区、书展区、休闲区四个区域。其休闲区中玻璃茶几、沙发、落地式的玻璃幕窗,让人可以一览无余窗外的景色,书友们可以在这里休息小憩,功能合理,方便使用。色调以绿色为主,生机勃勃,象征着生命活力。试想一下,掬一本书,品一杯香茗,在纷繁的生活中慰藉心灵的疲惫,在喧嚣的尘世里享受内心的宁静。

方案评语:该生在充分调研后,对书店内的功能分区做了认真的推敲,将室内空间结构设计趋向于简洁凝练。从平面图可以看出,该生在区域划分上也充分地考虑到了人与空间的关系,功能分布明确,选择材质上低调朴实,将绿色作为主色调,提升了空间的舒适度,为空间营造了清新感。在室内一些细节上的处理,也体现了该生具有对生活敏锐的观察能力。

时代光华书店手绘设计案例图见图5-4~图5-6。

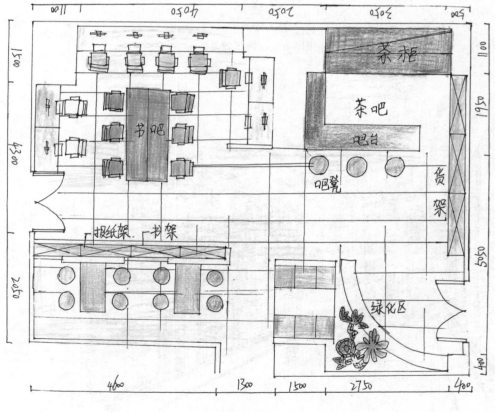

书吧平面布置图 1:100

图5-25 平面图

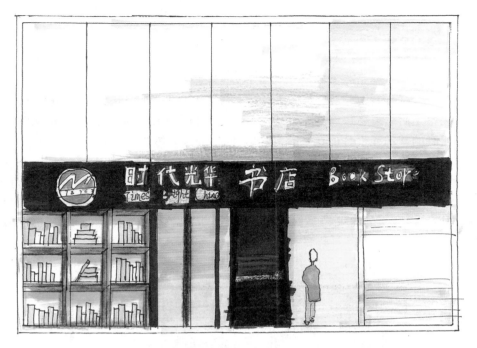

书吧外观立面图 1:50

图 5 - 26　立面图

图 5 - 27　室内效果图

9. 儿童玩具专卖店

设计者:刘亚茹

指导教师:刘迪

设计说明:本方案是一家专门销售儿童玩具的专卖店,在店面设计上采用了一种全新的形式。走入店内就会发现这个空间似乎有魔力一般,处处充满惊喜,吸引着孩子们的目光,无论是店里五彩斑斓如彩虹般的色彩,还是可爱绚丽的玩具造型,都深深的吸引着孩子,所有的梦幻元素叠加在一起,让进入此处的人们体会到童话般的境界。

方案评语:该生对店内的功能分区做了认真的推敲,用不同的卡通玩具形态营造出儿童喜爱的空间气氛,内部空间有序、有趣、连贯、流线感十足,室内色彩鲜艳、复杂多变、错落有致,设计元素被运用在了陈列柜、展台和墙壁上,使得整个空间拥有童话般的效果。整个设计以儿童的需求为宗旨,空间活跃生动,鲜亮的色彩,给人无限想象,激发创作欲望。

儿童玩具专卖店手绘设计案例图见图5-28~图5-31。

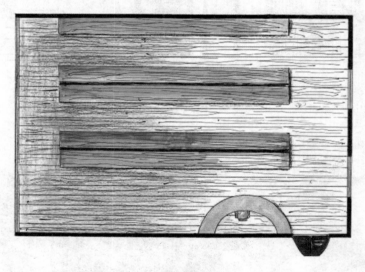

图5-28　平面图

图5-29　立面图

图 5 - 30 橱窗效果图

图 5 - 31 店内效果图

10. 斑斓

设计者:陈兰兰

指导教师:刘迪

设计说明:本方案为一个售楼部商业空间设计,建筑外观采用彩色玻璃造型,内装置彩色的霓虹灯,周边遍布树木、花草植物,远远望去使得售楼处更加亲切自然。售楼处室内以紫色为色调主打两个模型展示区,充分显现售楼处的高贵且典雅的气质。

方案评语:该设计的选题为售楼中心设计,此方案的侧重点在于强调建筑外观与景观的协调,通过手绘表现最直接的创造一种回归自然,以视觉的舒适感来传达符合现代需求的一种悠闲的生活方式。该设计最大的亮点是色彩的处理,趋向于华丽典雅的氛围,诠释着个性和品位。合理优化了空间利用率,设计更多考虑了实用与功能性的展示,这些空间气质鲜明,从而创造出自然、舒适、高雅的氛围。

斑斓手绘设计方案的图例图见图 5 – 32 ~图 5 – 36。

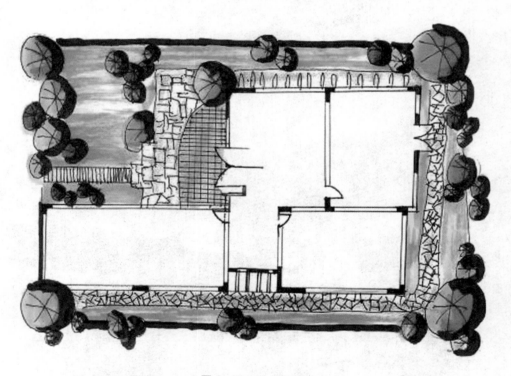

图 5 – 32　总平面图

图 5 - 33　售楼处外观效果图一

图 5 - 34　售楼处外观效果图二

图 5 – 35 售楼处室内效果图一

图 5 – 36 售楼处室内效果图二

11. 新天地售楼中心

设计者:李亚姣

指导教师:刘迪

设计说明:本方案造型简约不失稳重,讲究线条、空间、视线的多变性,色彩上以典雅的灰色系为主,主材选用黑伦金大理石、板岩文化石等高档石材,彰显空间的富贵、高雅、时尚的艺术格调,从而体现此楼盘的档次和企业的实力,以带给客户高雅的生活方式。

方案评语:该生在作品空间布局和设计上摒弃了铺张堂皇的奢华,以低调内敛的雅致对奢华进行了重新定义,如同未经雕琢的美玉般值得回味。但美中不足的是,在此方案中缺少了部分空间细部的设计,细部处理是为了表现最精彩的主题,抓住细节,使其形象主题鲜明,夸张其个性,更有助于气氛的表现。

新天地售楼中心手绘设计方案图例图见图 5 – 37 ~图 5 – 40。

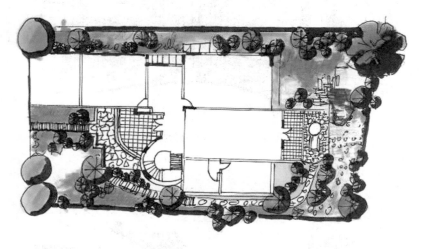

图 5 – 37 总平面图

图 5 – 38 入口处效果图

图 5 – 39   售楼前台效果图

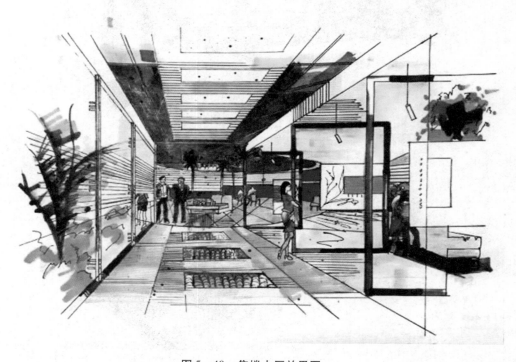

图 5 – 40   售楼大厅效果图

12. 凯伦国际

设计者:赵海双

指导教师:刘迪

设计说明:此方案为售楼处设计,平面布置简洁明了,在空间划分上注重顾客的心理感受,吸引顾客深入了解,模型展示区配以柔和的灯光,供人们在生活之旅,畅想未来,色调搭配低调中彰显贵气,高雅中追求人文色彩,塑造亲切宜人的空间环境,并力图体现其独有的时尚与经典。

方案评语:该同学通过手绘表达方式进行创作,充分发挥自己的特长,从造型、比例、色彩上进行调整和细化,让灵感跃然纸上,让设计更加清晰和明确,即讲究规律,又具有生命力,能把握良好的空间感,营造出售楼处商业空间环境,其模型展示区主题突出,画面丰富,讲究一定的艺术表现形式,形象真实而统一,使人在该空间中能够得到视觉的真切体验。

凯伦国际售楼处手绘设计方案图例见图5-41~图5-44。

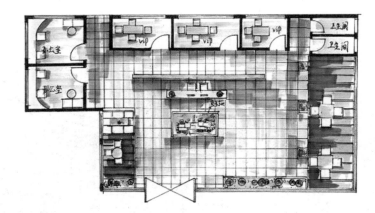

图5-41　平面图

图5-42　售楼建筑外观效果图一

图 5 - 43　售楼建筑外观效果图二

图 5 - 44　售楼处室内设计效果图

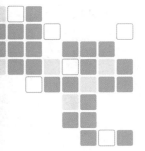

第 六 章
娱乐空间手绘表现

一、娱乐空间各部分手绘表现

1. 酒吧与咖啡厅设计手绘表现

酒吧、咖啡厅源于西方饮食文化,追求异国情调,力求新奇独特、富有创意。常见的装饰手法有:原始热带风情的设计手法,古怪、离奇、原始和结合自然的设计手法,使人身心松弛;怀旧情调的设计手法,吸取某一地域或某一历史阶段的环境装饰风格,以唤起人们对某段时光的留恋之情,带有主题性色彩的设计手法;综合运用壁画、造型、道具等手段,它个性鲜明,对消费者有一定的刺激性和吸引力。

2. 舞厅设计手绘表现

交谊舞厅:主要满足歌舞表演和跳交谊舞的需要,有较大的舞池和宽松的休息区,装饰风格端庄典雅,造型规整大方。

迪斯科舞厅:迪斯科舞厅是现代社会较为流行的一种刺激性较强的舞厅,其布局灵活多变,风格现代且时尚,造型和色彩夸张且怪异。

卡拉 OK 舞厅:以视听为主,主要满足表演和自娱自乐的需要,装饰风格简约且自然。

3. 保龄球室设计手绘表现

保龄球也称地滚球,是一项集娱乐、健身于一体的室内活动,宾馆的保龄球场常设有4~8 股道,旅游休闲性质的宾馆可增 12~24 股道。标准保龄球道用加拿大枫木和松木板镶嵌而成,枫木用于助跑道,放置于球瓶部位和球道开端,即易受撞击地带,松木用于球道中段滚球地带,球道下是铁杉。

保龄球场很少采用通风,球道两侧一般不开窗,这样可以避免室外噪声的干扰和灰尘侵袭污染。保龄球室设计上追求简洁、纯净的现代空间风格,防止多余装饰和色彩带来视线的干扰。除保龄球道专用设备区外,其他空间均采用地毯铺设地面,以防噪声对投球手的干扰。

4. 游泳池设计手绘表现

游泳池作为休闲娱乐的空间,让泳池变得更具有娱乐之感,要注意以下原则:以人为本,泳池设计要以安全为中心,做好每一个细节,大到泳池设备的选用,小到一个扶梯及一块瓷砖,给日后泳池的使用者带来安心、放心。泳池设计必须考虑到环境问题,可持续发展问题。必须严格要求每一个泳池都能展示出环保意识及环保性能。从最初的传统实用到现在的创新独特、完美装饰，与自然相结合的泳池设计不仅可以让人们享受舒适生活，还可以在泳池里遨游，感受大自然的清新与美妙，打破了室内外的界限，使自然景观和人造景观融为一体。

二、娱乐空间手绘设计案例

1.高尔夫休闲会所

设计者:陈玉婷

指导教师:刘迪　吴静

设计说明:本案为高尔夫休闲会所设计,现代简约的风格,即时尚又温馨,还不乏活泼、快乐的氛围,使人心情愉悦。空间布局明确,划分合理,满足酒吧、咖啡、KTV等休闲娱乐功能。有的造型奇特,有的色彩大胆,有的工艺精美,使设计不再单调,明快的色彩与柔和的灯光效果相协调,让顾客享受一个舒适放松的娱乐天地,不会感到枯燥乏味。

方案评语:整体方案设计理念新颖,空间感强烈,功能分区明确,动线流畅,互不干扰,整体色调把握到位,融合了多种色彩与材质表现,色彩作为整个室内风格的灵魂,绚丽、时尚、精练,其中"绿和黄""蓝和红"的对比激发出空间的活力,透过鲜艳的色彩和奇特的造型设计,创造出了一种独特的艺术氛围。从设计的空间来看,可以看出该生手绘表现能力较好,通过手绘能把娱乐空间的气氛很好地表达出来。

高尔夫休闲会所手绘设计图例见图6-1~图6-9。

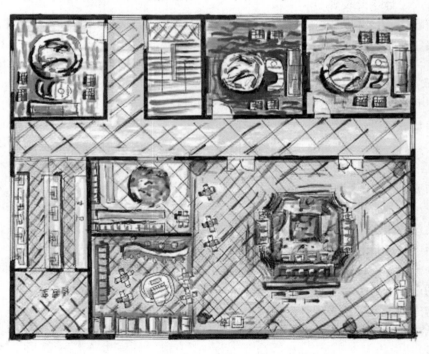

图6-1　平面布置图

图 6-2　立面图

图 6-3　建筑外观效果图

图6-4　大堂效果图

图6-5　酒吧效果图

图 6-6　咖啡厅效果图

图 6-7　客房效果图

图6-8 KTV 效果图一

图6-9 KTV 效果图二

2.彩池之城

设计者:贾秋霞 李亚姣

指导教师:刘迪 付蕊

设计说明:该娱乐空间设计,色彩丰富,以简洁、舒适而又不失时代感为设计的出发点,根据空间的基本功能,做出了合理的布置,有"宽敞整洁,有条不紊,毫无凌乱"之感。在各界面装饰上,点、线、面的结合,虽不华丽,但别样精致,活跃了整个空间,使空间层次更加丰富,满足娱乐空间的需求,让人们沉浸其中。

方案评语:此方案根据娱乐空间的需要设定空间,造型简洁,色彩丰富,整个室内环境充满现代感,符合年轻人的审美要求。墙面、地面、顶面选择温馨的色调和自由的形态进行搭配,使原本简约的空间灵动而有生命,在这里,人们能从纷繁复杂的现实生活中找到平和与安宁,放松心情。

彩池之城娱乐空间手绘设计图例见图6-10~图6-15。

图6-10 咖啡厅效果图

图 6 – 11　餐厅效果图

图 6 – 12　客房效果图

图 6 – 13　KTV 效果图一

图 6 – 14　KTV 效果图二

图 6 – 15　KTV 效果图三

3. 蓝调空间

设计者:毛灿

指导教师:刘迪

设计说明:蓝色瓷器与现代空间的完美结合让整个空间有了现代的简约时尚并多了一份宁静、大气与优雅。室内大部分空间在色调上都以不同层次的蓝色为主,局部加以不同的颜色点缀,构成空间的基本色调,来统一空间的造型,力求形成自己的风格与特色。

方案评语:该生在空间造型中,以瓷器为主旋律,有规律地重复再现而构成一个完整的形式体系,并渗透到各个大小空间中,并让蓝色统帅整个空间,整体感十分强烈。给消费者带来美的享受,创造出宽敞、优雅、轻松的气氛,为其提供品质卓越的休息、餐饮和借以消除疲劳的娱乐场所。

蓝调空间手绘设计图例见图 6 - 16 ~图 6 - 20。

图 6 - 16   大堂效果图

图 6 - 17　综合餐厅效果图

图 6 - 18　餐厅包间效果图

图 6 – 19 KTV 包间效果图

图 6 – 20 客房效果图

4. 独鹤爱清幽

设计者: 李克

指导教师: 刘迪　吴静

设计说明: 整个会馆以现代时尚的中式风格为基调, 秉承中国休闲文化, 结合了雕刻建筑与自然和谐的文化理念, 利用天然的地理环境, 全方位打造一个一步一景忘尘脱俗的寓所, 以中国传统纹饰加以装饰, 外观以质朴的木纹相搭配, 构造出完美的形态。中式设计元素让人一踏入便能感受到整体的高贵与典雅, 配合灯光的照明, 窗格形式的图案充分彰显出迷人的视觉魅力, 让人在现代社会的浮躁气息之外领略别样的风情。

方案评语: 该方案是一家休闲会所设计, 环境优美, 依山傍水, 绿树环绕。在风格上融合现代风格和中式风格。注重细节装饰, 建筑结构现代, 又不失人文气息, 功能布局合理, 重点强调室内外空间环境地紧密结合, 形成自己的独特气质。该同学能把握良好的空间感, 营造出休闲、度假、娱乐于一身的综合会所空间环境, 即有浓郁的传统感, 又有强烈的舒适感, 不仅主题突出, 更使画面丰富精彩。在作品空间布局和设计上以低调内敛的雅致为特色, 力求使人体味现代社会浮躁气息中的清新脱俗, 讲究一定的艺术表现形式, 形象真实而统一, 能运用自己全部修养把自然环境提高到更美的境界。

独鹤爱清幽手绘设计图例见图 6 - 21 ~图 6 - 28。

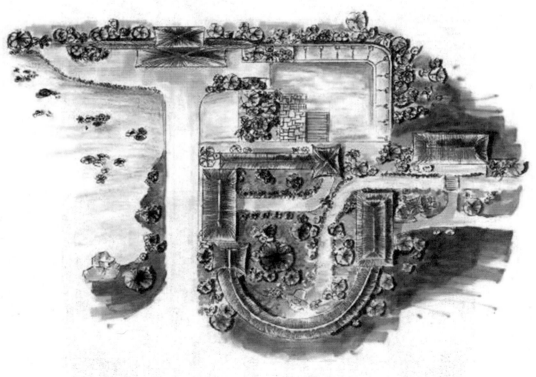

图 6 - 21　总平面图

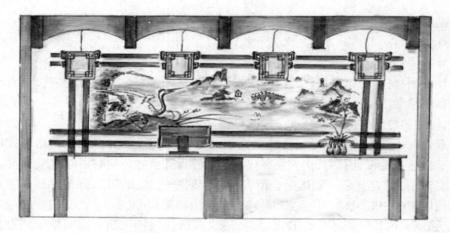

图 6-22　前台立面图

图 6-23　休息区立面图

图 6-24　客房立面图

图 6 – 25 前台效果图

图 6 – 26 大厅效果图

图6-27　餐厅包房效果图

图6-28　客房效果图

5. 神秘的地中海之旅

设计者:李亚姣　陈玉婷

指导教师:刘迪　付蕊

设计说明:此方案空间布局方式突出神秘色彩,在设计时采用曲线造型,给人感觉轻松惬意,且具有典型的希腊风格。对希腊风格装饰元素进行提练后应用到设计中,色调上配合使用具有象征意义的蓝色和白色,主要通过不同的材质表现来分隔区域,增强区域感,使整个空间具有流动性,给消费者带来舒适、随性的感受,打造一个具有神秘色彩和浪漫情调的娱乐空间环境。

方案评语:该设计通过蓝色和白色来体现浪漫的异国情调,营造十分到位。室内陈设和灯具造型比较有特色,表现自然、生动,带有一种轻松的情趣,满足客人的需求而考虑,能给消费者留下深刻的印象,有点惊喜,有点独特,是休闲、放松、调节压力的场所。

神秘的地中海之旅的设计方案手绘图例见图 6－29～图 6－32。

图 6－29　前台效果图

图 6 – 30　游泳池效果图

图 6 – 31　餐厅包间效果图

图 6 – 32　KTV 包间效果图

6. 紫云轩

设计者:李玉莹

指导教师:刘迪　付蕊

设计说明:本方案采用新古典主义风格,在设计上,大面积采用经过提练的欧式线条,墙面采用石材天然的纹理和自然的色彩来修饰主题"云的痕迹"。在家具的配置上,多选用实木材质,不仅能将木质纹理尽情展示,还能营造出高雅而和谐的氛围。整体色调明亮大方,使得整个空间给人以开放且宽容的非凡气度,是一个消除疲劳的健身康乐场所。

方案评语:该设计能根据个人心理需要进行设计,装饰墙面一些细小的处理十分生动,给人一些意外的惊喜,可以看出墙面采用云的形态作为设计元素,体现了崇尚自由的理念,人们在此空间就仿佛置身于广阔的天空中翱翔,给我们描绘了一个理想的形态,这是现实生活环境中难得的体验。此方案的不足之处是最终的画面处理不够丰富。

紫云轩手绘设计图例见图 6 – 10 ~ 图 6 – 15。

图 6 - 33 大堂效果图

图 6 - 34 游泳池效果图

图 6 – 35　餐厅效果图

图 6 – 36　客房效果图一

图6-37　客房效果图二

7. 简单·美

设计者:马晚洁

指导教师:刘迪　吴静

设计说明:本方案将简洁和舒适作为设计方向,方案设计细致,简洁温和,精妙地利用空间进行布局,使用简单、朴素的材料,结合室内家具陈设造型,使得整个空间非常和谐统一,室内色彩淡雅,透过这样的空间,体现了此娱乐空间的品位。

方案评语:本案材质及颜色的应用纯粹、质朴,设计本身虽没有太多的新意,但该生从人们的精神需求、生活需要出发,意在用朴实的设计语言塑造一个纯朴、具有人情味的娱乐空间环境。

简单·美的设计方案手绘表现图例见图6-38 ~图6-42。

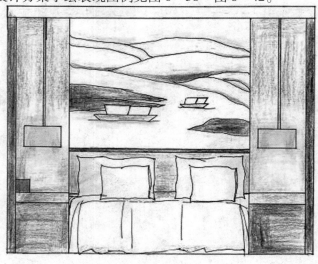

图6-38　立面图

图 6 – 39　单人客房效果图

图 6 – 40　双人客房效果图

图 6 - 41　餐厅效果图

图 6 - 42　游泳池效果图

8. 羽翼

设计者：尹梦林

指导教师：刘迪　付蕊

设计说明：本设计从纯净、淡雅、明快的色调出发，衬托高品味的家具、灯具及陈设艺术品，以此来烘托娱乐空间高雅的文化氛围，并突出灯光照明，以增强空间的立体感与节奏感，使整体装饰在相当程度上达到豪华与高雅并重的装饰效果，造型丰富，设施全面，功能安排合理，满足客人的需求。

方案评语：该设计造型时尚，色彩对比鲜亮，整个室内环境充满了现代气息，但没能突出该空间内的重点要素，现代的娱乐空间设计不仅是满足其应用功能的需求，设计新颖，更重要的是体现不同的特征文化性，如何将"羽翼"作为主题文化不失为形成整体感的有效途径。

"羽翼"的设计方案手绘表现图例见图6－43~图6－48。

图6－43　立面图

图 6 - 44　咖啡厅效果图

图 6 - 45　KTV 包间效果图

图 6 – 46 舞厅效果图

图 6 – 47 酒吧效果图

图 6 - 48　游泳池效果图

第七章

酒店空间手绘表现

一、酒店空间各部分手绘表现

1. 大堂设计手绘表现

酒店大堂是旅客获得第一印象和最后印象的主要场所,是宾馆的窗口,为旅客集中和必经之地,集空间、家具、陈设、绿化、照明、材料等精华于一体,成为整个建筑之核心和重要观景之地。装饰设计受着酒店的规模、等级、环境条件、地域文化、建筑思潮、时代风尚、经营理念等方面的影响,不同类型的酒店其装饰理念也有很大的差别。设计时的定位要有强烈的经济气息以及功能鲜明的环境氛围。比如旅游胜地的度假型酒店,在设计上主要是针对不同层次的旅游者,为其提供品质卓越的休息、餐饮和借以消除疲劳的健身康乐的现代生活场所。此类酒店装饰表现完全是满足这类客人的需求而考虑的,是休闲、放松、调节压力的场所。商务酒店一般应具有良好的通信条件,具备大型会议厅和宴会厅,以满足客人签约、会议、社交、宴请等商务需要。经济型酒店基本以客房为主,没有过多的公共经营区。必备的公共区域如大堂的装饰也不宜太华贵,应给人以大方实用美观的感觉。

酒店大堂的空间就其功能来说,既可作为酒店前厅部各主要机构(如礼宾、行李、接待、问讯、前台收银、商务中心等)的工作场所,为大堂空间的充分利用及其氛围的营造,提供了良好的客观条件。设计时除理性分析外,还应借助于形象思维。抓住酒店建筑结构及大堂空间特点等因素,来确定酒店大堂的设计主题,并以现代技术将其表现出来。大堂实体形态的创造应由点、线、面、体等基本要素构成。在大堂空间的实体中,主要表现为客观存在的限定要素,如地面、墙面、顶棚等,而这些界面的形状、比例、尺度和样式的变化,造就了大堂的功能和风格,使其呈现出特定的氛围。

2. 单人客房设计手绘表现

单床房:只设置一张单人床的客房,是宾馆中面积最小的客房。

客房的区域功能:客人在客房中生活有睡眠、盥洗、起居、书写、饮食、储存的需要,相应地客房应具备满足上述需要的功能。

睡眠空间:是客房基本的空间,主要的家具是床。

盥洗空间:卫生间是客人的盥洗空间,主要配备浴缸、坐便器、洗脸盆等设备。

起居空间:在客房的窗前区。主要配备坐椅(或)沙发、茶几,兼有供客人饮食、休息、会客的功能。

书写空间:在床的对面,沿墙设置一长形多功能柜桌,也兼做梳妆台。

储存空间:设置在房门进出过道侧面的壁橱,通常备有衣架、棉被、鞋篮。

3. 标准间设计手绘表现

双床房:也叫标准间,设置两张单人床的客房,是酒店中最普遍、数量最多的客房。

双人床间:设置一张双人床的客房,适于夫妻或带小孩的旅客使用。此类客房的面积一般与双床间一样,由于只放一张大床,相应扩大了室内的起居空间。

房间尺度:宾馆标准间的开间,经济型为 3.3~3.6 m,舒适型为 3.6~3.9 m,豪华型在 4 m 以上。标准间的进深通常在 7 m 左右。客房的起居、休息部分的净高不应低于 2.5 m,有中央空调时不低于 2.5 m,走道等局部净高不低于 2.0 m。

4. 套间设计手绘表现

套房:两间以上的房间组合成一套客房,分设起居室与卧室。有两套间、三套间、豪华套间、总统级套间等。总统套间可有六间以上的房间组成,分设客厅、餐厅、会议室、书房、总统卧室、夫人卧室(附设化妆间)等;且至少应有两套以上卫生间,其中主卫生间还可分隔成小室,设置六件洁具(面盆、恭盆、净身盆、淋浴间、浴缸、按摩浴缸)。

客房空间环境,应造型优美,统一配套,做到风格统一,式样统一,色调统一;注意与周围环境相协调;数量得当,使用方便;适合宾客的身份、特点及生活习惯。客房各种家具应统一款式,并与装饰的风格相协调。客房的陈设也不宜过多,要选择具有文化内涵或时代性的陈设品。客房织物较多,选择时,花色图案尽可能要少,并与室内风格取得协调。

二、酒店空间手绘设计案例

1. 华宇商务酒店

设计者:贾秋霞

指导教师:刘迪

设计说明:华宇商务酒店位于城市中心,处于繁华之地,设计主题是取华宇的谐音"花语"来定义的。在如此繁华喧闹之地,人们渴望抛弃工作的压力,追求一种宁静、和谐、温馨的氛围。在整个酒店装饰中,皆以花的造型为主,从而营造亲切自然之感,素雅、温馨的氛围让人彻底放松心情,继而获得精神上的愉悦。

方案评语:本案以花的元素为主轴,突出主题元素,贯穿融入各个空间中,分别以不同的视觉感受呈现,供人们悉心赏阅,还消费者一个清新爽朗、雅致温馨且舒适的环境,典雅与时尚紧密结合,相得益彰,颇具文人气息,也充分体现了设计者的气质与涵养,寻找一种平衡,宁静与繁华切换之间,定义奢华的新境界。

华宇商务酒店手绘设计案例图例见图 7-1~图 7-9。

图 7 - 1 客房立面图一

图 7 - 2 客房立面图二

图 7 - 3 单人客房效果图一

图 7 - 4　单人客房效果图二

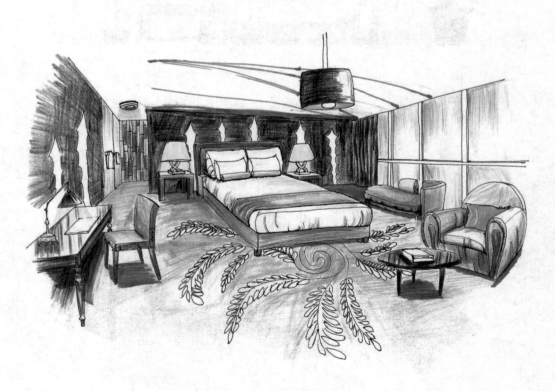

图 7 - 5　单人客房效果图三

图 7 - 6　双人客房效果图一

图 7 - 7　双人客房效果图二

图 7 - 8　餐厅包间效果图一

图 7 - 9　餐厅包间效果图二

2. 御龙梦唐宫

设计者:李征

指导教师:刘迪

设计说明:踏上精雕龙式楼梯,漫步云端;坐上素雅莲花椅,邂逅前缘。一扇扇古典中式镂花门,一幅幅仕女图,以及无处不在的梅兰竹菊画作,尽显空间尊贵典雅。本案是围绕"梦回唐朝"为主题,将古典与现代相结合,大面积的木质镂花门、窗,以及洋溢在各个角落的中国红,无不让你感受中国的古典文化。远离大面积混凝土的木质材料,带给你纯正的大自然的味道,在浓郁的古典文化熏陶下,体现的不仅是个人品位,更是中国人的内涵。

方案评语:该生围绕梦回唐朝为主题,将古典与现代相结合,仿佛踏上精雕龙式楼梯,漫步云端;坐上素雅莲花椅,邂逅前缘,自然气息流逸,绿意盎然,营造出清新、舒适的感觉,亦满足了人们回归自然的心理需求,增强了形象的生动感和趣味性,各种花的形象跃然眼前,穿梭其间,纵然岁月流逝,依见花开绚烂,从而让你充分感受到中国的古典文化,其观赏性强,具有很强的艺术感染力。该生通过流畅轻松的线条来理解体积的概念,简洁概括的造型来构造表面形态,其到位的明暗、虚实关系和明快、雅致的色彩等鲜明的艺术特色深入人心,不但能快速准确地表达出设计意图,更能抓住稍纵即逝的灵感瞬间,其表现的方式直观形象,以此体现出其开拓创新思维能力,以及审美能力和设计能力。

御龙梦唐宫手绘设计图例见图 6 – 10 ~ 图 6 – 15。

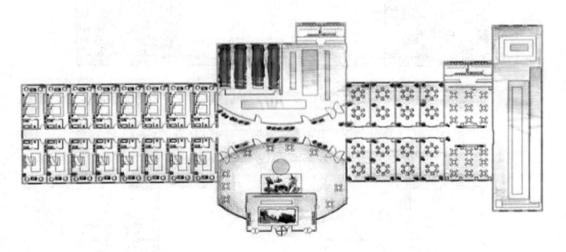

图 7 – 10　平面图

图 7 – 11　单人间立面图

图 7 – 12　餐厅包间立面图

图 7 – 13　综合餐厅立面图

图7-14　接待厅效果图

图7-15　综合餐厅效果图

图 7 – 16　餐厅包间效果图一

图 7 – 17　餐厅包间效果图二

图7-18　单人间效果图

图7-19　标准间效果图

3. 芰荷山庄

设计者:王丽芳　张柏宁

指导教师:刘迪

设计说明:本案为一四面环山的风景区度假酒店。设计构思主要来自对人们对荷花的喜爱。整个空间以木色、绿色及为主,用淡雅、时尚的灰色搭配,衬托高品位的酒店布置,给人以舒适、休闲之感。材质主要以柚木为主,黄色的灯光材质使氛围更高贵;大理石的前台接待和吧台桌显得大气沉稳;水晶灯和蓝绿色的地毯为空间增添了几分干净素雅。以及无处不在的荷花丛更显空间高贵、典雅、宁静、致远,是完美的世外桃源、度假的最佳选择!

方案评语:该方案的选题为酒店空间手绘设计表现,具有自然生态之美,设计以"荷"为重心,融入艺术性的表现语言,合理运用水、植物、人物造型与木制材料,使之交替融合,塑造亲切感人的酒店空间,拉近了人们接触自然的距离。该同学能抓住稍纵即逝的灵感瞬间,让灵感停留在纸面上。通过硬朗的材质和明快的色彩及柔美的家具、雅致的配饰,赋予了空间素净明亮的神采。空间运用合理、设计元素干练,可以很强烈地感受传统的历史痕迹与浑厚的文化底蕴,将怀古的浪漫情怀与现代人对生活的需求相结合,兼容华贵典雅与时尚现代,反映出个性化的美学观点和文化品位,简约而充满激情,清新而不失厚重,表达出时尚高雅的生活格调。

芰荷山庄方案设计手绘表现的图例见图 7 – 20 ~图 7 – 28。

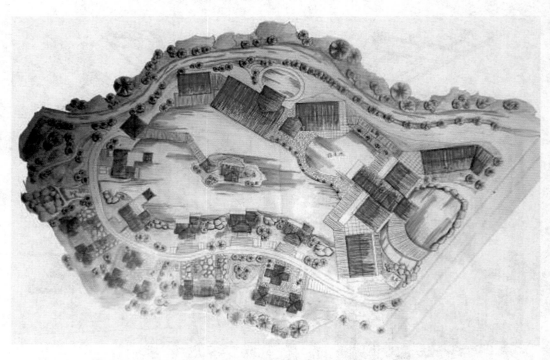

图 7 – 20　总平面图

图 7 – 21　标准间立面图

图 7 – 22　单人间立面图

图 7-23　酒店大堂效果图

图 7-24　综合餐厅效果图一

图 7 - 25　综合餐厅效果图二

图 7 - 26　餐厅包间效果图

图 7-27 单人间效果图

图 7-28 标准间效果图

4. 北岸澜庭

设计者:徐斌斌　廉建齐

指导教师:刘迪　付蕊

设计说明:该方案设计宗旨是在优越的地理环境里创造出优雅、舒适的酒店空间。整体风格时尚,格调高雅,空间布局巧妙有趣,能很好地划分区域,给客人留有相对私密性。在材质使用上,能将质地美和肌理美充分地展现出来。在色调选择上,特意选用冷色调,并在灯光的映衬下,彰显出空间的内敛与华贵,通过布置陈设品,绿化来点缀空间,给人以亲切、柔和、温暖的感觉,富有生气,让人体验到一种童年般的梦幻,创造出迷人的氛围,缔造了一个处处充满情趣的酒店空间环境。

方案评语:该酒店方案,结合设计美学,讲究细节,通过手绘表现最直接的塑造一种回归自然、传统与现代融于一体的休闲娱乐空间环境,隐逸高雅、亲切宜人,富于时代感,为惬间的氛围增添贵气,展现优雅魅力,为客人提供创新又舒适的生活方式,让宾客在此随意浅酌或与知己闲谈,肆意享受美丽的人生。方案将实用与美感,繁复与简洁,尖端科技与古典风格元素调和在一起,采用崭新的空间布局,因地制宜,以湖水蓝绿色为主调,配合柔和的灯光,缔造荷塘的效果,隐隐流露出点点诗意,配合木材及石材等天然材料,营造出一派恬然舒适,矜贵优雅的气质,整个环境令客人身处闹市也能体验别树一炽的特色,感受文化艺术精致和细腻的一面,提供难忘的度假体验。该生以现代的笔触,把传统文化以崭新的方式表现出来,令整套方案呈现出与别不同的面貌,具有较强的设计创作能力和表现能力。

北岸澜庭方案设计手绘表现的图例见图 7 – 29 ~图 7 – 47。

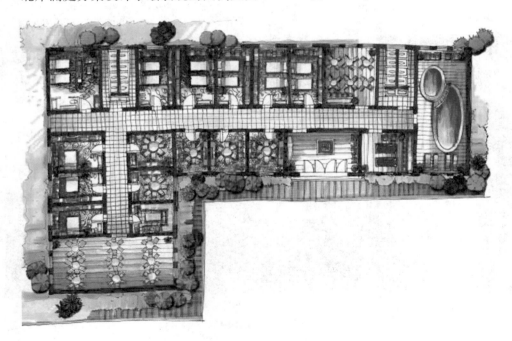

图 7 – 29　平面布置图

图 7 – 30　立面图一

图 7 – 31　立面图二

图 7 – 32 立面图三

图 7 – 33 立面图四

图 7 – 34　建筑外观效果图

图 7 – 35　酒店大堂效果图

图 7 – 36　标准间效果图一

图 7 – 37　标准间效果图二

图7-38　标准间效果图三

图7-39　标准间效果图四

图 7 – 40　单人间效果图一

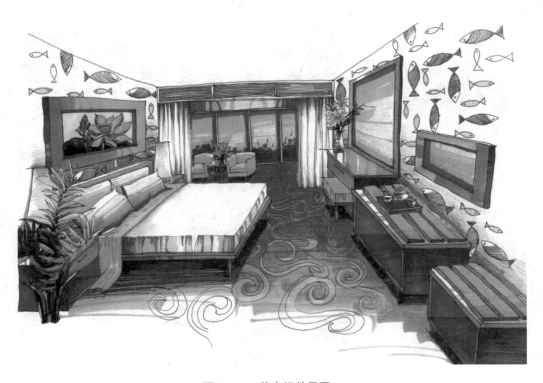

图 7 – 41　单人间效果图二

图 7 - 42　综合餐厅效果图一

图 7 - 43　综合餐厅效果图二

图7-44 餐厅包间效果图一

图7-45 餐厅包间效果图二

图 7－46　台球室效果图

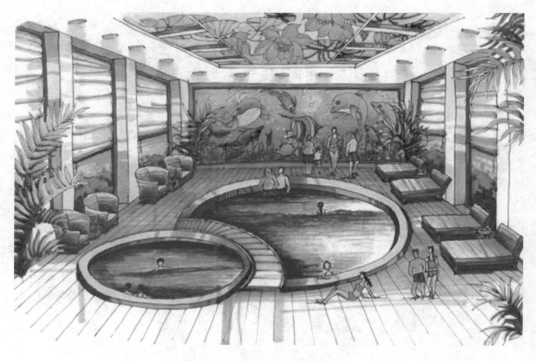

图 7－47　游泳场效果图

5. 绿山酒店

设计者:张柏宁

指导教师:刘迪

设计说明:酒店在绿色为主调的旋律下,融汇古今文化,造型沉稳、简洁、典雅、大方,内部空间在体现了绿色自然舒适的同时,营造出别具一格的现代化传统文化氛围。该酒店将功能分区明确,内部空间衔接恰当,总体布局合理。酒店内部空间承载了我国传统饮食住宿文化,并相应地结合了现代化文艺。在客房装饰上采取了简洁明快绿色天然的主打风格,为顾客提供自然轻松愉悦的良好环境。跟随心的脚步踩出一片绿地,来到绿山享受一份属于你的宁静。

方案评语:该方案具有自然生态之美,设计以此为重心,融入艺术性的表现语言,合理运用水、植物、山、石与木制材料,使之交替融合,塑造亲切感人的酒店空间,拉近了人们接触自然的距离。该同学使用了徒手表现技法进行创作,能抓住稍纵即逝的灵感瞬间,让灵感停留在纸面上。在效果图的表现上,绘画功底比较扎实,其线条抑扬顿挫,落笔就有好的透视空间感觉,色彩的微妙变化轻松自然地表达出来,从而营造出内敛稳重与休闲惬意并存的酒店空间格调,仔细观察就会发现每个空间细节都务求做工精良、材质高档和有型有格,总之所有的改造布局设置都为人们的舒适生活量身打造。

绿山酒店手绘表现设计方案图例见图7－48~图7－52。

图7-48　酒店大堂效果图

图 7 –49　综合大厅效果图

图 7 –50　综合餐饮效果图一

图 7－51 综合餐饮效果图二

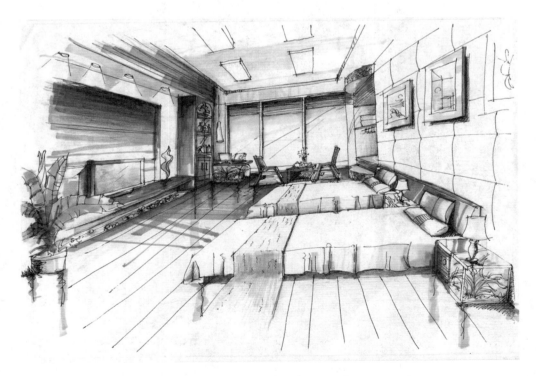

图 7－52 标准间效果图

6.一致的美

设计者:邵帆凯　陈兰兰

指导教师:刘迪

设计说明:随着现代生活节奏的加快,纯中式风格显得过于严肃庄重,简洁大方的设计更容易被人们所接受,因此在本案的设计中加入了一些简洁大方的设计元素,使中式的典雅与现代的时尚相结合,使得整个空间更加丰富,大而不空,厚而不重,有格调又不显压抑,运用一些简单的陈设艺术品进行装饰,体现了优雅的气息,加上儒雅的色调搭配,传递出一种一致的美的享受。

方案评语:该方案空间布局功能合理,设计者力求把现代元素带到中式古典风格中,并努力提升酒店的品质,给人们一种全新的体验。其家具造型,色调安排与室内风格结合为一体,用一种崭新的形式阐释美的本质,统一和谐为美,为顾客营造一个舒适、温馨、雅致、不乏时尚的酒店空间环境。

"一致的美"酒店的设计方案手绘表现图例见图7-53 ~图7-59。

图7-53　酒店大堂效果图

图 7 - 54　综合餐厅效果图

图 7 - 55　餐厅包间效果图

图 7 - 56　酒店客房效果图一

图 7 - 57　酒店客房效果图二

图 7 – 58　酒店客房效果图三

图 7 – 59　酒店客房效果图四

7. 生活方式

设计者:向春雨

指导教师:刘迪

设计说明:结合当代社会审美理念及现代人们对酒店功能的需求,让消费人群不仅仅是单纯的解决住所的问题,酒店将餐饮、居住空间完美地融合,采用现代简洁元素,巧妙运用柔和的灯光,给予顾客温馨、舒适的感觉,更充分地利用空间和美化空间为宗旨,让人们身心得到放松,找到回家的感觉。

方案评语:本案在空间设计上,以现代简约的设计表现手法,从功能布局、交通流线、家具造型、室内陈设、材质表现与用色搭配上,相互呼应,整个气氛融为一个整体,简洁而不简单,从而突出主题,使空间舒适、温馨,带给消费者一个新的生活方式,找到新的归宿。

生活方式案例见图 7 - 60 ~图 7 - 65。

图 7 - 60　酒店大堂效果图

图 7 - 61　酒店餐厅效果图一

图 7 - 62　酒店餐厅效果图二

图 7 - 63　餐厅包间效果图

图 7 - 64　酒店客房效果图一

图 7 – 65　酒店客房效果图二

8. 华轩酒店

设计者：王运丽

指导教师：刘迪　付蕊

设计说明：本酒店方案采用中式古典设计，室内材质多采用木质造型，同时巧妙地加入了中国古代绘画和雕刻形态，展现我国源远流长的历史文化，体现了博学优雅的格调，传递出诗情画意的空间感受。

方案评语：本案选用中国传统的室内设计风格，融合了庄重与优雅的双重气质，手绘过程中先通过线条对整体风格细微雕刻，再使用色彩使整个空间更加凸显中式的端庄厚重，营造出一种高雅、贵重、和谐、大方的氛围。

华轩酒店手绘表现的图例见图 7 – 66 ~图 7 – 71。

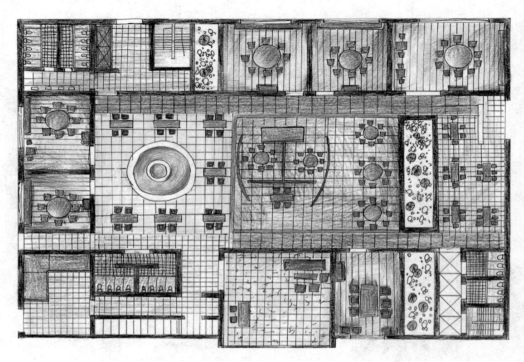

图 7 – 66　平面图一

图 7 – 67　平面图二

图 7 - 68 餐厅包间效果图

图 7 - 69 茶室效果图

图 7 - 70　单人间效果图

图 7 - 71　标准间效果图

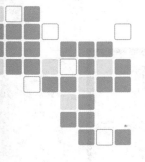

第八章

优秀学生快题欣赏

一、客厅空间快题设计

1. 设计条件

设计定位为新婚夫妇,男主人和女主人均为较高收入的上班族,有一定的文化修养。年轻人繁忙之余喜欢追求生活的乐趣,追求时尚和个性,设计要求高雅、实用、时尚。风格不限,但要统一、协调。

2. 设计要求

(1)体现人与自然相和谐,强调舒适,凸显个性,力求方案有特色。

(2)装饰定位带有极强文化品味,融古通今,夺人耳目、切勿华而不实。

(3)注重功能合理,图面布置均衡,整洁,线条流畅。

(4)色调明确,色彩搭配整体、和谐。

(5)渲染效果图所用技法熟练、生动,具有一定艺术感染力。

3. 图纸要求

(1)平面布置:功能合理,流线清晰,比例和尺度准确,表现出客厅地面铺设材料、家具、绿化、陈设品等。

(2)立面图:造型新颖,色彩美观,表现出客厅主体背景墙立面装饰手法。

(3)效果图:透视准确,透视方法不限,一点透视、两点透视均可,注意空间感、质感表现,色彩冷暖、虚实关系处理得当。

(4)设计说明:将设计风格、造型、色彩描述清晰,文字流畅,语言准确,100 字左右。

(5)排版:图面布置均衡,整洁,字迹美观大方,主次关系处理得当,重点突出。

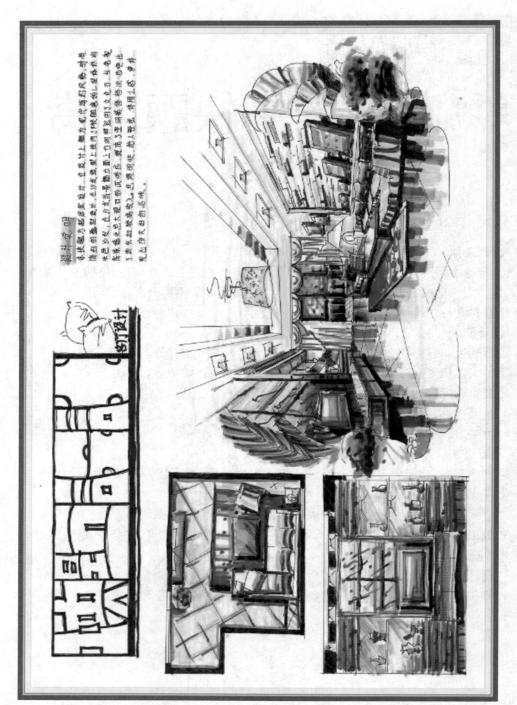

图 8 - 1　客厅空间快题设计一

设计者：陈玉梓　指导教师：刘迪　吴静

图 8-2 客厅空间快题设计二

设计者:王思雨 指导教师:刘迪 吴静

图 8－3　客厅空间快题设计三

设计者:郭志康　指导教师:刘迪　付慈

二、卧室空间快题设计

1. 设计条件

本案是想为一名女性设计卧室,23 岁,平面杂志专属模特,兼职做服饰编辑。性格开朗外向,喜欢变化,爱好绘画、拍照、服饰美容,希望卧室舒适安逸,卧室里能装饰自己的作品。

2. 设计要求

(1)设计创意新颖,造型独特,强调舒适,凸显个性,力求方案有特色。

(2)装饰安排合理,设计出独特的、有气质的空间,带有极强文化品味,体现一种新的时尚。

(3)功能分布明确、实用,并且变化多端,注意室内摆设与细节设计,满足业主喜好,图面布置均衡,线条流畅,材质表现丰富。

(4)效果图透视准确,透视方法不限,一点透视、两点透视均可。

(5)色调明确,色彩冷暖对比适当,搭配整体、和谐。

(6)设计风格统一、协调。

(7)效果图表现方式不限,马克笔表现、彩铅表现均可。

3. 图纸要求

(1)平面布置:功能合理,流线清晰,比例和尺度准确,表现出卧室地面铺设材料、家具、绿化、陈设品等。

(2)立面图:造型新颖,色彩美观,表现出卧室主体背景墙立面装饰手法。

(3)效果图:绘制时构图完整,塑造生动,图面整洁,装饰造型、色彩、材质、细化、深化,用光合理、巧妙,相互协调,比例适当,着色时画面色彩丰富、虚实关系处理得当,空间感、质感表现力强,渲染效果图表现技法熟练、生动,有一定艺术感染力。

(4)设计说明:100 字左右,以清晰的脉络、言简意赅的语言表达设计思路,将设计风格、造型、色彩描述清晰,文字流畅,语言准确。

(5)排版:图面布置均衡,整洁,字迹美观大方,主次关系处理得当,重点突出。

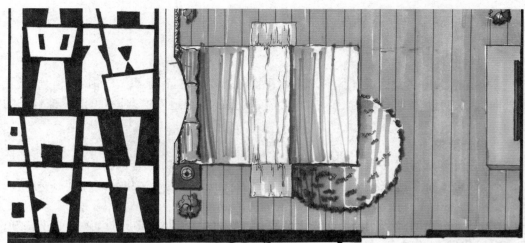

设 计 说 明

本方案以简洁大方为主，同时又不失时尚感，以清明形款也搭配，那给人安静舒适。同时又追性闻对生活。袋近合于年轻人士居居条件。让业主然更设计形想法。就是二人性化，符合业主形居居条件和工作要求。也对业主身份和性格是一种表现。整个空间从条理又集合时尚元素。也是新新一代年轻人形舒适环境。

图 8 - 4　卧室空间快题设计一

设计者：郭杰　　　指导教师：刘迪

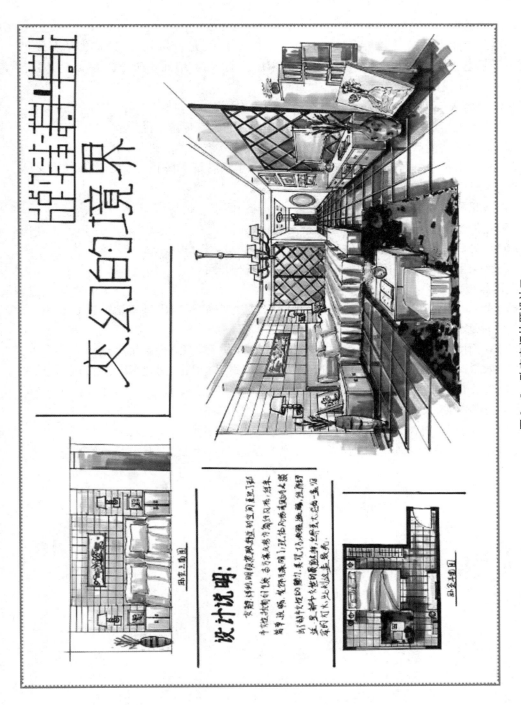

图 8 - 5 卧室空间快题设计二
设计者:赵海双 指导教师:刘迪

三、老人房快题设计

1. 设计条件

卧室的使用者是一对老年夫妇,男性是艺术家,女性是音乐教授,日常生活喜爱阅读。由于是老人居住,要考虑安全因素,尽量采用圆角家具,地面要防滑。老人希望室内通风良好,空间设计舒适、有亲和力。

2. 设计要求

(1)为老人打造一个简洁、舒适而又不失时代感的卧室环境。

(2)要满足功能需要,布置合理,充分考虑老人喜欢看书的心理。

(3)对生活细节进行描绘,如植物及体现老人生活特征的陈设品、家具等,符合老人生活要求,塑造具有人情味的空间环境。

(4)效果图透视准确,透视方法不限,一点透视、两点透视均可。

(5)色调明确,冷暖对比适当,色彩搭配整体、和谐。

(6)设计高雅、大方、实用,风格统一、协调。

(7)效果图表现方式不限,马克笔表现、彩铅表现均可。

3. 图纸要求

(1)平面布置:功能合理,流线清晰,比例和尺度准确,表现出卧室地面铺设材料、家具、绿化、陈设品等。

(2)立面图:造型新颖,色彩美观,表现出卧室主体背景墙立面装饰手法。

(3)效果图:绘制时构图完整,塑造生动,色彩、材质,细化、深化,用光合理、巧妙,图面整洁,线条流畅,造型比例适当,着色时画面色彩相互协调、虚实关系处理得当,空间感、质感表现力强,表现技法熟练、生动,有一定艺术感染力。

(4)设计说明:将设计风格、造型、色彩描述清晰,文字流畅,语言准确,100 字左右。

(5)排版:图面布置均衡,整洁,字迹美观大方,主次关系处理得当,重点突出。

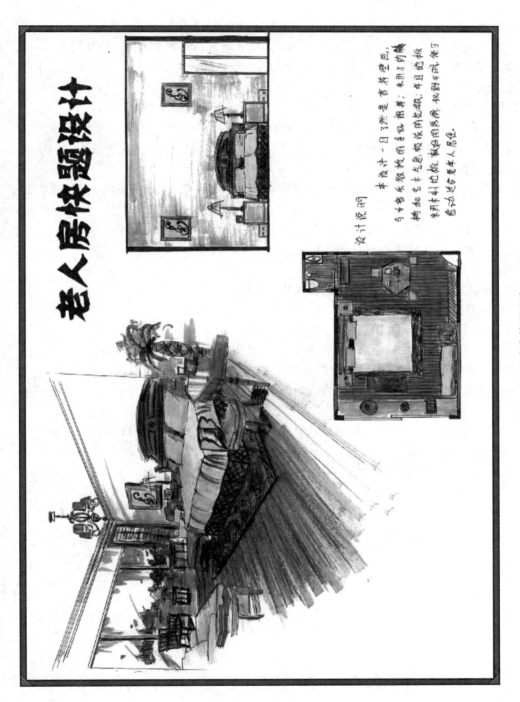

图 8-6　老人房快题设计

设计者：向春雨　　指导教师：刘迪

四、儿童房快题设计

1.设计条件

卧室的使用者是一名男孩,13岁,性格开朗、坚强、执着,喜欢小猫,爱好听音乐、唱歌、跳舞、打篮球。以简洁、舒适而又不失时代感为设计出发点,以他喜欢的绿色为主色调来进行设计。

2.设计要求

(1)满足主要使用功能,大胆创新设计,打造一个符合孩子性格爱好的生活环境。

(2)从精神需求、生活需要出发,注重空间利用,功能布置合理,满足听音乐、唱歌、跳舞、打篮球的爱好。

(3)设计创意新颖,造型独特,装饰安排合理,图面布置均衡,线条流畅,材质表现丰富。

(4)效果图透视准确,透视方法不限,一点透视、两点透视均可。

(5)色调明确,色彩搭配整体、和谐。

(6)设计风格统一、协调。

(7)效果图表现方式不限,马克笔表现与彩铅表现均可。

3.图纸要求

(1)平面图:塑造生动,图面整洁。

(2)立面图:装饰造型、色彩、材质、细化、深化,用光合理、巧妙,相互协调,比例适当。

(3)透视效果图:绘制时构图完整,线条流畅,透视准确,着色时画面色彩丰富、虚实关系处理得当,空间感、质感表现力强,渲染效果图表现技法熟练、生动,有一定艺术感染力。

(4)设计说明:100字左右,以清晰的脉络、言简意赅的语言表达设计思路,将设计风格、造型、色彩描述清晰,文字流畅,语言准确。

(5)排版:图面布置均衡,整洁,字迹美观大方,主次关系处理得当,重点突出。

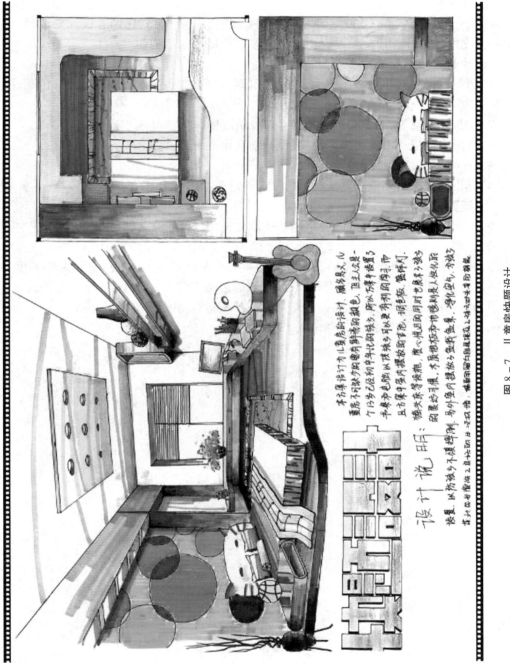

图 8 - 7　儿童房快题设计

设计者：王亚沛　　指导教师：刘迪

五、经理办公室快题设计

1. 设计条件

设计一个经理办公室,办公室的布局、通风、采光、人流线路、色调等设计要适当,有一定的文化内涵,设计简洁、大方、实用,能缓解工作人员的疲劳感。

2. 设计要求

(1)进行设计时要注塑造明快感、秩序感和现代感,考虑办公家具的形式与色彩,配置一些室内植物,净化空气。

(2)注重功能合理,图面布置均衡,整洁,线条流畅。

(3)要求设计风格形式和内容统一,设计创意独特而新颖。

(4)色调明确,色彩搭配整体、和谐。

(5)渲染效果图所用技法熟练、生动,具有一定艺术感染力。

3. 图纸要求

(1)平面布置:表现出经理办公室地面铺设材料、家具、陈设品等。

(2)立面图:表现出经理办公室的主立面装饰手法。

(3)效果图:透视准确,比例协调,空间感、质感表现力强,色彩冷暖、虚实关系得当。

(4)设计说明:50 字左右,思路清晰,文字表达清楚。

(5)排版:图面布置均衡,整洁,字迹美观大方,主次关系处理得当,重点突出。

经理办公室

设计说明：本案为经理办公室内设计，对于经理的这些属性，在有限的空间内尽大的利用。设计上保足无搁净美还是工作氛围来布置设计理念。本案人色�... 用4理念分配色调加以...的中心，从家具、电效及家具理性的各处，家具里�- 的... 品色和谐，是取入这办处及。

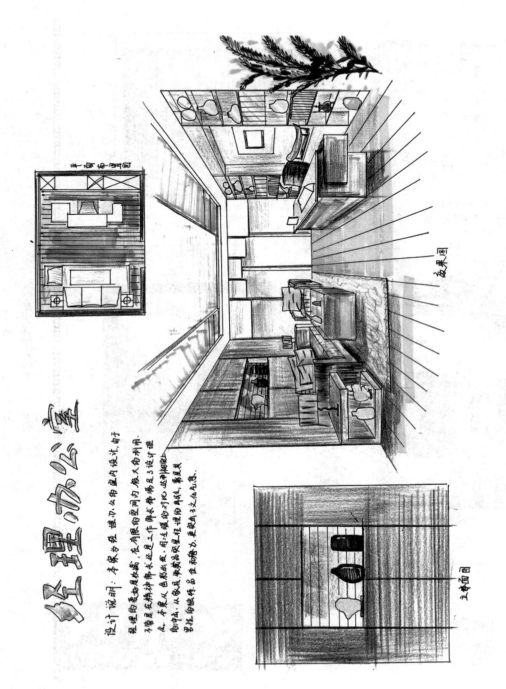

平面布置图

顶面图

效果图

立面图

图 8 - 8　经理办公室快题设计一

设计者：杨梦梦　指导教师：刘迪　付慈

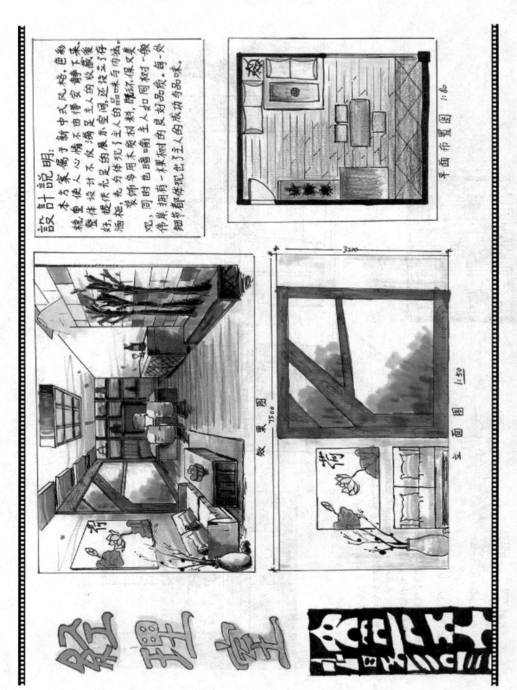

设计说明:

本方案属于新中式风格，色彩整体设计不温不躁，宁静安详。主色调由上而下。稳重，提供充足的展示品味与内涵，充分体现了主人的品味与内涵的语言。装饰多用木质材料，质朴环保又美观，同时色调有一棵树如同相伴，拥有一棵树的良好品质。每一处伟岸都体现出主人良好的成功与品味。

平面布置图 1:80

效果图

立面图 1:50

3200

7500

图 8 - 9 经理办公室快题设计二

设计者：王强 指导教师：刘迪 付蕊

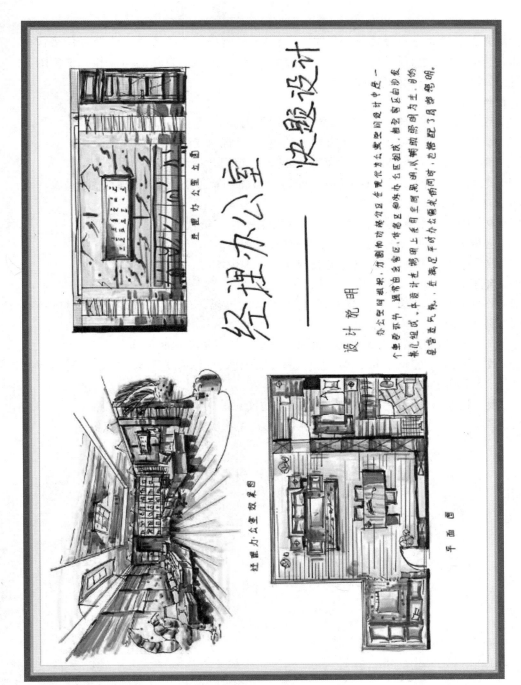

图8-10 经理办公室快题设计三
设计者:陈玉婷 指导教师:刘迪 付慈

六、餐厅快题设计

1. 设计条件

荷塘月色餐馆是一个高档休闲餐饮场所,主要经营中国传统菜肴。荷塘月色暗含荷塘花香,月色清凉之意,设计风格追求雅致神韵,体现出一种对自然的向往和一种悠闲的心境,能带给消费者一个休息、放松的环境。

2. 设计要求

(1)突出餐饮形象,充分反映经营理念与设计内涵。

(2)体现人与自然相和谐,力求方案有特色,设计风格统一、鲜明。

(3)满足主要功能需要,充分考虑各功能分区,组织合理流线。

(4)设计创意新颖,造型独特,装饰安排合理,图面布置均衡,线条流畅,材质表现丰富,注意空间感表现。

(5)效果图透视准确,透视方法不限,一点透视、两点透视均可。

(6)色调明确,冷暖对比适当,色彩搭配整体、和谐。

(7)效果图表现方式不限,马克笔表现与彩铅表现均可。

3. 图纸要求

(1)平面布置:功能合理,流线清晰,比例和尺度准确,表现出餐厅地面铺设材料、家具、绿化、陈设品等。

(2)立面图:造型新颖,色彩美观,表现出餐厅主体背景墙立面装饰手法。

(3)效果图:餐饮空间装饰造型、色彩、材质,细化、深化,用光合理、巧妙,相互协调,比例适当,空间感、质感表现力强,表现技法熟练、生动,有艺术感染力。

(4)设计说明:100字左右,以清晰的脉络、言简意赅的语言表达设计思路。

(5)排版:图面布置均衡,整洁,字迹美观大方,主次关系处理得当,重点突出。

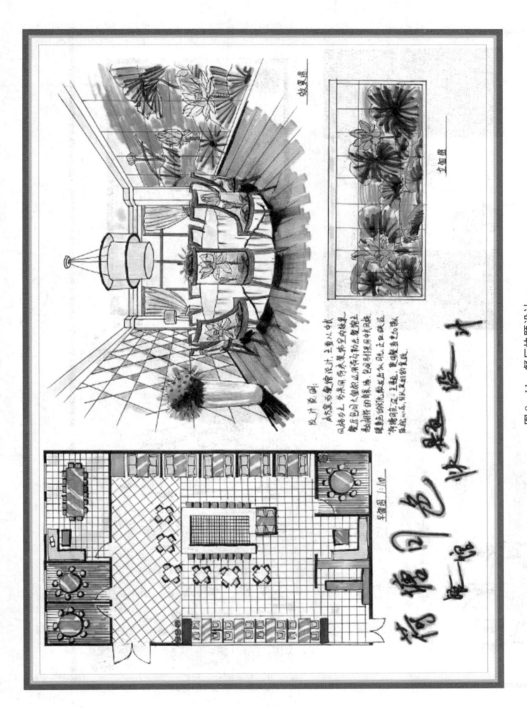

图 8-11　餐厅快题设计一

设计者:陈利杰　指导教师:刘迪　吴静

图 8－12　餐厅快题设计二

设计者:李玉莹　指导教师:刘迪　吴静

七、茶室快题设计

1.设计条件

中国茶道文化历史悠久,独具特色,在设计时,应适当融入茶文化的设计元素,展现中国文化的魅力。

2.设计要求

(1)对于茶室的装饰设计可以简约为主,在充分满足使用功能的前提下,力求设计有创意。

(2)茶室设计风格不仅保留古老的传统,亦不可缺乏现代的视觉元素。

(3)满足主要功能需要,充分考虑各功能分区,组织合理流线。

(4)设计创意新颖,造型独特,装饰安排合理,图面布置均衡,线条流畅,材质表现丰富,注意空间感表现。

(5)效果图透视准确,透视方法不限,一点透视、两点透视均可。

(6)色调明确,冷暖对比适当,色彩搭配整体、和谐。

(7)效果图表现方式不限,马克笔表现与彩铅表现均可。

3.图纸要求

(1)平面布置:功能合理,流线清晰,比例和尺度准确,表现出茶室地面铺设材料、家具、绿化、陈设品等。

(2)立面图:造型新颖,色彩美观,表现出茶室主体背景墙立面装饰手法。

(3)效果图:装饰造型、色彩、材质,细化、深化,用光合理、巧妙,相互协调,比例适当,能体现茶室性格,空间感、质感表现力强,表现技法熟练、生动,有艺术感染力。

(4)设计说明:100字左右,以清晰的脉络、言简意赅的语言表达设计思路。

(5)排版:图面布置均衡,整洁,字迹美观大方,主次关系处理得当,重点突出。

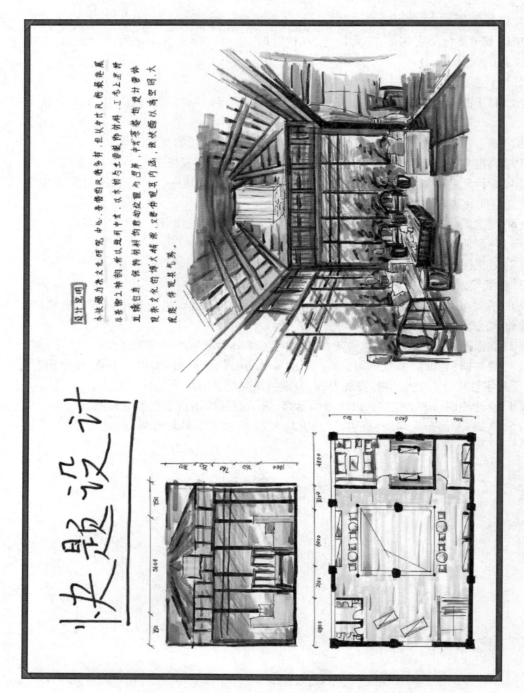

快题设计

设计者:陈玉婷　指导教师:刘迪　吴静

图 8-13　茶室快题设计

八、咖啡厅快题设计

1.设计条件

做一个咖啡厅设计,咖啡厅作为社交聚会的地方,是人们聚集喝咖啡、听音乐、阅读的休闲娱场所。可分为自然风格、现代风格、田园风格、欧式风格等,在追求风格的基础上力求色调与造型的和谐,创造优雅的气氛。

2.设计要求

(1)设计上运用一些适当的造型语言来体现咖啡厅的整体形象,保持各区域联络的同时适当布置一些精致的装饰陈设品。

(2)注重功能合理,图面布置均衡,整洁,线条流畅。

(3)要求设计风格形式和内容统一,设计创意独特而新颖。

(4)色调明确,色彩搭配整体、和谐。

(5)渲染效果图所用技法熟练、生动,具有一定艺术感染力。

3.图纸要求

(1)平面布置:表现出咖啡厅的地面铺设材料、家具、陈设品等。

(2)立面图:表现出咖啡厅主要立面墙面的装饰手法。

(3)效果图:透视准确,比例协调,空间感、质感表现力强,色彩冷暖、虚实关系得当。

(4)设计说明:简要说明该设计的构思,50字左右,思路清晰,文字表达清楚无误。

(5)排版:图面布置均衡,整洁,字迹美观大方,主次关系处理得当,重点突出。

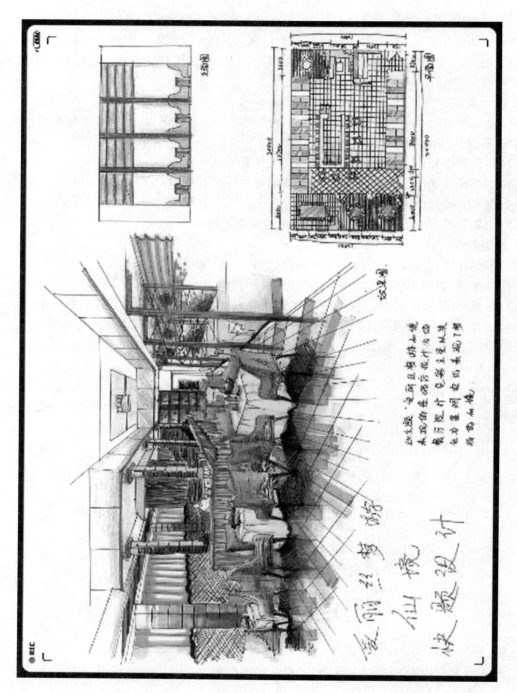

图 8 - 14　咖啡厅快题设计

设计者:尹梦林　指导教师:刘迪　吴静

九、品牌服饰专卖快题设计

1.设计条件

以时尚潮流服装专卖店为设计主题,要感受整个空间及其产品浓郁的文化,形成自己的设计特色,推崇一种自由的生活状态。

2.设计要求

(1)设计创意新颖,造型独特,装饰安排合理,力求方案设计富于个性和时代感,体现现代商业的特点、商业文化。

(2)满足主要造型使用功能,图面布置均衡,线条流畅,材质表现丰富,注意空间感表现。

(3)效果图透视准确,透视方法不限,一点透视、两点透视均可。

(4)色调明确,冷暖对比适当,色彩搭配整体、和谐。

(5)设计风格统一、协调。

(6)效果图表现方式不限,马克笔表现与彩铅表现均可。

3.图纸要求

(1)平面布置:表现出专卖店的地面铺设材料、家具、陈设品等。

(2)立面图:表现出专卖店主要立面墙面的装饰手法。

(3)效果图:装饰造型、色彩、材质,细化、深化,用光合理、巧妙,相互协调,比例适当,能体现专卖店的特点,室内环境搭配整体和谐统一,空间感、质感表现力强,表现技法熟练、生动,有一定艺术感染力。

(4)设计说明:100字左右,以清晰的脉络、言简意赅的语言表达设计思路。

(5)排版:图面布置均衡,整洁,字迹美观大方,主次关系处理得当,重点突出。

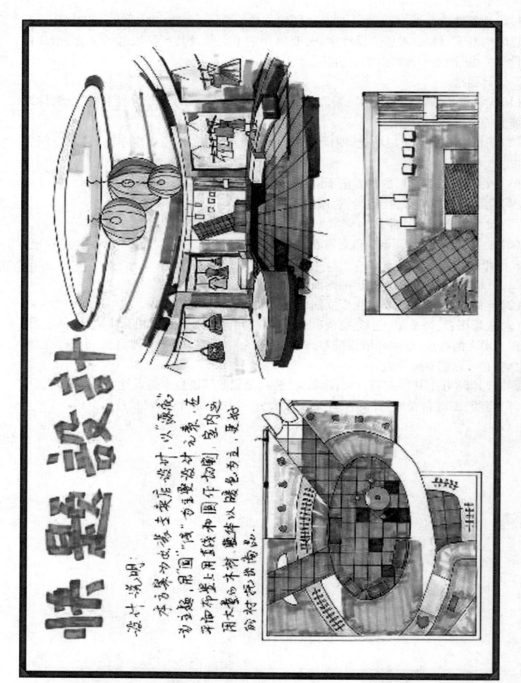

图8-15　品牌服饰专卖快题设计一

设计者：荆璐璐　指导教师：刘迪

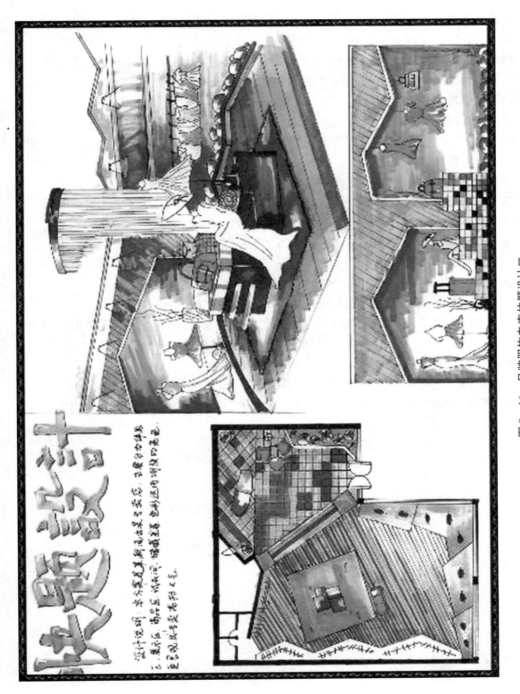

图 8 - 16 品牌服饰专卖快题设计二

设计者:常鹏飞 指导教师:刘迪

十、酒店客房快题设计

1. 设计条件

该酒店客房设计以英国小说《爱丽丝梦游仙境》为线索,故事讲述了小女孩进入了一个奇妙梦幻的童话世界,以提取小说的情节为设计点,将戏剧化的情境融入现实,使客人得到一种童话般的浪漫感受,自由轻松,灵活多变。

2. 设计要求

(1)设计主题突出,创意新颖,造型独特,力求富于个性,体现该酒店的特点、文化。

(2)功能布局合理,具有丰富的空间变化,图面布置均衡,线条流畅,材质表现生动,并于周围环境搭配整体和谐。

(3)效果图透视准确,透视方法不限,一点透视、两点透视均可。

(4)色调明确,冷暖对比适当,色彩搭配整体、和谐。

(5)整体装饰设计格调统一、协调,注意气氛的表达。

(6)效果图表现方式不限,马克笔表现、彩铅表现均可。

3. 图纸要求

(1)平面布置:表现出酒店客房的地面铺设材料、家具、陈设品等。

(2)立面图:表现出酒店客房主要立面墙面的装饰手法。

(3)效果图:酒店客房空间形态、色彩、材质,细化、深化,用光合理、巧妙,相互协调,比例适当,特征表达充分,淋漓尽致,空间感、质感表现力强,表现技法熟练、生动,有一定艺术感染力。

(4)设计说明:将设计风格、造型、色彩描述清晰,文字流畅,语言准确,100 字左右。

(5)排版:图面布置均衡,整洁,字迹美观大方,主次关系处理得当,重点突出。

图 8-17 酒店客房快题设计一

设计者:陈玉婷 指导教师:刘迪

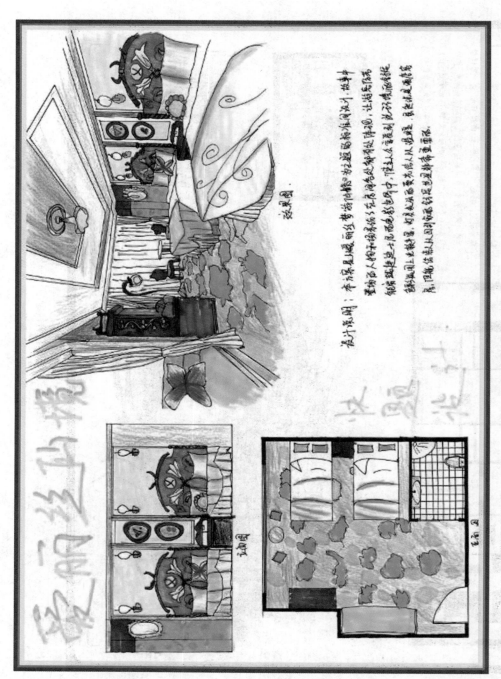

图 8 - 18　酒店客房快题设计二

设计者:吴路露　指导教师:刘迪

参考文献

[1]孙佳成.空间创意徒手表现[M].北京:中国建筑工业出版社,2005.

[2]季翔,陈志东.建筑装饰表现技法[M].北京:中国建筑工业出版社,2005.

[3]文健,周启凤,胡娉.手绘效果图表现技法[M].北京:清华大学出版社,2005.

[4]李强.手绘表现图[M].天津:天津大学出版社,2005.

[5]杨健.家居空间设计与快速表现[M].沈阳:辽宁科学技术出版社,2006.

[6]彭士君.建筑装饰表现图技法[M].北京:科学出版社,2006.

[7]刘铁军,杨冬江,林洋.表现技法[M].北京:中国建筑工业出版社,2006.

[8]韩燕,王珂.室内外环境设计与快速表现[M].济南:科学技术出版社,2007.

[9]文健.手绘效果图快速表现技法[M].北京:清华大学出版社,2008.

[10]赵国斌.室内设计手绘效果图表现技法[M].福州:福建美术出版社,2008.

[11]程子东,吕从娜,张玉民.手绘效果图表现技法——项目教学与实训案例[M].北京:清华大学出版社,2010.

[12]唐殿民,崔云飞.手绘效果图表现技法[M].上海:同济大学出版社,2010.

[13]刘迪.建筑室内外手绘表现[M].西安:西安电子科技大学出版社,2013.